AF465481

4°S
1297

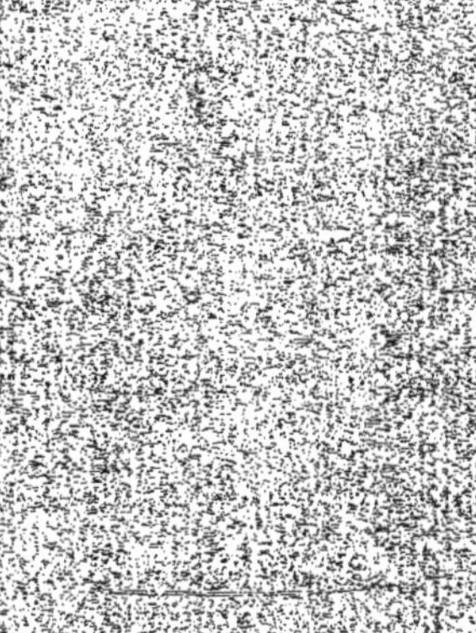

MINISTÈRE DU COMMERCE, DE L'INDUSTRIE
ET DES COLONIES

EXPOSITION UNIVERSELLE INTERNATIONALE DE 1889
À PARIS

RAPPORTS DU JURY INTERNATIONAL

PUBLIÉS SOUS LA DIRECTION
DE
M. ALFRED PICARD
INSPECTEUR GÉNÉRAL DES PONTS ET CHAUSSÉES, PRÉSIDENT DE SECTION AU CONSEIL D'ÉTAT
RAPPORTEUR GÉNÉRAL

CLASSE 43. — **Produits de la chasse. — Produits, engins et instruments de la pêche et des cueillettes**

RAPPORT DE M. H. DE CLERMONT

NÉGOCIANT ET INDUSTRIEL EN POILS, CHAPELLERIE, PELLETERIES ET CHAUSSURES
MEMBRE DE LA COMMISSION PERMANENTE DES VALEURS DE DOUANES

PARIS
IMPRIMERIE NATIONALE

M DCCC XCII

CLASSE 43

Produits de la chasse. — Produits, engins et instruments de la pêche et des cueillettes

---

RAPPORT DE M. H. DE CLERMONT

MINISTÈRE DU COMMERCE, DE L'INDUSTRIE
ET DES COLONIES

EXPOSITION UNIVERSELLE INTERNATIONALE DE 1889
À PARIS

RAPPORTS DU JURY INTERNATIONAL

PUBLIÉS SOUS LA DIRECTION
DE
M. ALFRED PICARD

INSPECTEUR GÉNÉRAL DES PONTS ET CHAUSSÉES, PRÉSIDENT DE SECTION AU CONSEIL D'ÉTAT
RAPPORTEUR GÉNÉRAL

CLASSE 43. — **Produits de la chasse. — Produits, engins et instruments de la pêche et des cueillettes**

RAPPORT DE M. H. DE CLERMONT

NÉGOCIANT ET INDUSTRIEL EN POILS, CHAPELLERIE, PELLETERIES ET CHAUSSURES
MEMBRE DE LA COMMISSION PERMANENTE DES VALEURS DE DOUANES

PARIS
IMPRIMERIE NATIONALE

M DCCC XCII

COMPOSITION DU JURY.

MM. Servant (A.), *Président*, négociant en pelleteries et fourrures, membre du jury des récompenses à l'Exposition de Paris en 1878 . . . . . France.

Quiros (le docteur A.), *Vice-Président*, ministre du Salvador . . . . Salvador.

Clermont (Hermann de), *Rapporteur*, négociant en poils, chapellerie, pelleteries et chaussures, membre de la commission permanente des valeurs de douanes . . . . . France.

Moriceau, *Secrétaire*, fabricant d'ustensiles de pêche et de chasse, médaille d'or à l'Exposition de Paris en 1878 . . . . . France.

Deproge, député, membre de la commission d'organisation de l'exposition coloniale . . . . . Colonies.

Mendes (Angel), consul général . . . . . République Argentine.

Santa Anna Nery (de) . . . . . Brésil.

Boucard (A.) . . . . . Guatémala.

Jervell (Fritz) . . . . . Norvège.

Grunwaldt (P.-M.), membre du comité russe de Paris et commissaire délégué . . . . . Russie.

Prévot (Mathieu), tanneur, négociant en peaux . . . . . République Sud-Africaine.

Bresson (J.), négociant en pelleteries, médaille d'or à l'Exposition de Paris en 1878 . . . . . France.

Déséglise (Victor), membre de la commission permanente des valeurs de douanes, membre du jury des récompenses à l'Exposition de Paris en 1878 . . . . . France.

Coulombel (Isidore), *suppléant*, négociant en éponges . . . . . Tunisie.

Buch, *suppléant*, directeur du musée des arts appliqués à l'industrie . . . . . Danemark.

Guyot (A.), *suppléant* . . . . . Cap de Bonne-Espérance.

Gayffier (de), *suppléant*, conservateur des forêts au ministère de l'agriculture . . . . . France.

Sauvage, *suppléant*, directeur de la station d'aquiculture à Boulogne . . . . . France.

PRODUITS DE LA CHASSE.

PRODUITS, ENGINS ET INSTRUMENTS DE LA PÊCHE ET DES CUEILLETTES.

INTRODUCTION.

L'exposition de la classe 43 comprend, en dehors des produits provenant du travail des mines et de la culture animale ou végétale, et qui sont répartis dans les cinq autres classes du groupe V, la plus grande partie des matières premières dont sont tributaires nos industries de l'habillement, des objets d'art ou de luxe, et celles qui satisfont à un grand nombre de nos besoins journaliers.

Des pelleteries aux plumes de toutes provenances, du caoutchouc au musc, des crins à l'ivoire, des cornes aux gommes, des huiles et graisses au corail, des écailles et nacres au miel, au quinquina, aux éponges, toute la nomenclature si longue et si variée des produits de la chasse, de la pêche ou des cueillettes ressortit à la classe 43.

Elle embrasse donc tous les produits naturels, sauvages, que l'homme recherche sous toutes les latitudes pour les adapter à nos besoins et améliorer notre bien-être.

58 pays, dont 20 colonies ou pays de protectorat français, ont été représentés à notre Exposition : ils nous ont soumis une variété de produits très considérable, plus nombreuse qu'aux Expositions antérieures. La liste des matières premières augmente, en effet, à mesure que l'exploration de l'univers se complète, et l'on sait combien depuis vingt ans la rapidité et la facilité des voyages ont développé le goût et les bénéfices des recherches lointaines. On peut donc affirmer que la richesse de l'exposition de la classe 43 est le signe le plus certain des progrès de la civilisation.

A ce titre, nulle étude n'est plus intéressante que celle que nous nous efforcerons de présenter dans ce rapport. Nous y serons soutenu par l'importance des intérêts en cause et qui se chiffre, pour la France, par un mouvement commercial de plus de 200 millions, par l'utilité de combler une lacune résultant de l'absence d'un compte rendu sur l'Exposition de 1878, enfin par la nécessité d'examiner de près toutes les questions nouvelles que soulève l'orientation passionnée de la politique européenne vers les problèmes de la colonisation, c'est-à-dire de l'exploitation, au profit de nos richesses, des pays hier encore inconnus de nos géographes et de nos marchands.

Depuis trente ans, notre domaine colonial s'est accru dans des proportions énormes. Les annexions ou l'établissement de protectorats étendent notre influence à plus de 2,500,000 kilomètres carrés, à plus de 40 millions d'habitants, nous assurant un champ d'activité admirable. Puissions-nous prendre de plus en plus conscience des bénéfices qu'il nous réserve comme des devoirs qu'il nous impose!

La recherche et le commerce des matières premières qui rentrent dans la classe 43 sont les voies les plus sûres pour réaliser cette prospérité. Suivant la piste ouverte par les explorateurs, nos marchands, explorateurs eux-mêmes, n'ont qu'à pousser leurs comptoirs dans nos pays d'ivoire, de gomme, d'écailles, de musc, de perles, dans ceux où la faune de poils et de plumes est la plus riche. C'est loin des pays civilisés qu'ils rencontreront ces matières; ils les y trouveront à vil prix, et, ce prix, ils pourront le solder en apportant sur ces marchés lointains sans industrie les produits de nos manufactures. Double bénéfice pour la métropole.

Dans l'étude des conditions les plus favorables pour ce commerce de troc, notre travail national devra s'ingénier, s'assouplir; il n'est plus le maître comme avant des marchés où sa réputation et sa prééminence lui permettaient d'imposer ses conditions. La concurrence pressante va l'obliger à rajeunir ses procédés et à secouer ses habitudes trop immobiles, nécessité heureuse qu'il subira aisément, car l'ingéniosité et le bon goût sont les premières de ses qualités.

Le commerce de troc a le grand avantage de créer des relations plus rapprochées entre le producteur et le consommateur; grâce à lui, s'il est invariablement honnête, les intérêts se fusionnent et assoient solidement et pacifiquement l'influence des comptoirs. Il est donc civilisateur au premier chef et le mieux fait pour développer la puissance du pays qui l'installe.

Devant les horizons très vastes qui s'ouvrent devant elle, la France ne sera pas inférieure à sa tâche. Elle n'a qu'à reprendre les traditions des siècles derniers et à imposer à son gouvernement une politique éclairée et empreinte de l'esprit de suite. Appuyés sur notre crédit, qui est le plus solide et le plus honnête de tous, sur les incomparables ressources que nous offre notre population ouvrière, nous devons remonter la pente de la prospérité coloniale que nous nous sommes laissé disputer par les Allemands et les Anglais. Mais il faudrait que nous y fussions aidés davantage par le recrutement de la carrière commerciale; il faudrait que notre jeunesse instruite et bien élevée donnât tout son concours à nos espérances. Il ne serait que temps pour elle d'imiter l'étranger, de rompre avec ses habitudes de repos dans la mère-patrie, avec les préjugés déplorables qui la retiennent loin du commerce et près des emplois publics. Active, ambitieuse et aventureuse, elle trouverait dans la carrière coloniale l'emploi de toutes ses qualités, avec la certitude de faire sa fortune bien mieux que par tout autre moyen.

Fortifiée par les vertus de fermeté et de courage que donne l'éducation militaire générale aujourd'hui, la France ne tarderait pas à renouer les traditions qui avaient assuré dans les siècles derniers la prééminence incontestée de notre race dans tous les pays du globe. Il faut reprendre ces exemples et s'ingénier à profiter des ressources infinies qui s'offrent aujourd'hui pour l'exploration et le commerce : nous voulons parler de l'organisation du crédit, de la facilité incessamment améliorée de toutes les communications, de l'activité des sociétés géographiques, du développement des études économiques et statistiques, de la création de chambres de commerce françaises à l'étranger, et, espérons-le, de la protection intelligente et ferme de nos agents consulaires.

Attachons-nous donc avec passion à l'exploitation de notre beau domaine colonial et ayons l'orgueil de l'exploiter seuls, par nos propres forces. Ne le laissons pas envahir par les importations des industries étrangères, plus avisées encore que la nôtre à l'heure présente, et tirons-en abondamment toutes les richesses afin de nous assurer peu à peu le monopole des marchés de matières premières qui nous est dangereusement disputé par l'Angleterre, l'Allemagne, la Hollande.

Imitons les exemples d'initiative qui nous sont donnés même par de petits pays, comme le Portugal, notre voisin du Congo, qui peut nous montrer fièrement, s'étalant sur de longs espaces des côtes du Loanda, des cultures de café, desservies par des chemins de fer à voie étroite, et qui constituent déjà une menace pour les plantations du Brésil, de Java et de Zanzibar.

Dans notre étude, nous avons pu nous rendre un compte exact des effets salutaires de cette initiative par les résultats qu'elle a atteints toutes les fois qu'elle s'est exercée. Aussi nous sera-t-il permis, au début de ce rapport, d'exprimer un regret. Cédant aux suggestions d'une politique de mauvaise humeur et de méfiance qui, à mesure que le temps s'écoule, nous paraît plus singulière et plus mesquine, un certain nombre de pays n'ont pas été représentés officiellement à l'Exposition de 1889. De ce chef, et malgré les efforts si louables des commissariats officieux, l'apport des produits a été moindre qu'il n'aurait dû l'être, et les études que nous avons à en faire ont manqué de plusieurs termes de comparaison que nous aurions été heureux de posséder.

Nous avons bien eu, par ce fait, le privilège de montrer avec plus d'éclat nos richesses propres aux visiteurs innombrables qui ont eu confiance dans l'hospitalité et dans la bonne grâce de la France, mais notre souci de l'intérêt général est trop élevé pour que nous nous en contentions.

Oui, nous regrettons vivement de n'avoir pas eu l'occasion d'apprécier, par exemple, les forces productives de l'Allemagne, qui poursuit, avec une méthode et une énergie remarquables, l'expansion de sa puissance coloniale.

Si elle-même a dû éprouver le dépit d'avoir renoncé à mesurer ses forces aux nôtres sur le terrain des rivalités économiques, nous n'en devons pas moins déplorer que, par suite de son abstention, quelques éléments manquent à la grande leçon de choses à laquelle nous avions convié l'univers.

Nous nous sommes conformé, pour la rédaction de notre rapport, à la classification du catalogue. En conséquence, après avoir fait l'historique des opérations des comités d'admission et d'installation jusqu'à la constitution du jury, nous présenterons successivement l'étude de chacune des matières premières exposées dans les sections : 1° de la chasse; 2° de la pêche; 3° de la cueillette.

Chacun de ces rapports particuliers sera suivi de l'indication, par pays, des expositions les plus remarquables, et de la justification des récompenses de premier ordre.

Nous donnerons, comme annexes, les tableaux représentant le nombre des exposants de chaque nationalité et celui des récompenses attribuées.

COMITÉ D'ADMISSION. — COMITÉ D'INSTALLATION. PLAN DE LA CLASSE. — JURY.

Nous croyons utile d'ouvrir ce rapport par un exposé sommaire des incidents auxquels a donné lieu la constitution définitive de la classe 43. Les difficultés que nous y avons rencontrées et qui, au détriment des exposants, ont retardé pendant neuf mois l'ouverture de la période réellement utile de nos travaux, ont tenu, d'une part, à la composition défectueuse, à l'origine, du comité d'admission, de l'autre, à l'insuffisance des prévisions du plan général qui nous était imposé, ainsi qu'à certaines erreurs dans la répartition des produits entre les divers groupes et classes.

Relater ces difficultés sera le meilleur moyen d'indiquer les corrections désirables pour les Expositions futures. Elles s'organiseront, espérons-le, dans des conditions plus favorables que celle de 1889. Ses origines ont été, en effet, troublées par les incertitudes et les complications de la politique générale, à tel point qu'elle a paru, presque jusqu'au dernier moment, dans l'esprit des nations comme dans celui d'un grand nombre d'exposants, comme une gageure de la présomption et de l'audace du génie français. C'est à ces circonstances surtout que nous devons attribuer l'insuffisance des éléments d'organisation d'une entreprise qui n'avait pas groupé dès le premier jour toutes les adhésions, et qui, trop longtemps, n'a eu que des concours hésitants. Les mêmes raisons ne sauraient suffire à expliquer les embarras que nous avons rencontrés du fait de la Direction générale, par suite des erreurs dans la classification et de la timidité avec laquelle on a tenu la main à l'application de la méthode scientifique de classement inaugurée en 1867 et qui avait été adoptée presque en entier en 1878.

Le premier bureau du comité d'admission a été constitué le 13 avril 1887. Il était composé d'hommes considérables par leur situation et leur valeur, mais dont la spécialité ne répondait pas aux nécessités de l'organisation de notre classe; des membres plus qualifiés, représentant véritablement nos produits, s'en trouvaient exclus. Il y eut, de ce chef, des tiraillements, des tergiversations regrettables qui ne prirent fin que par les démissions successives des personnes dont la compétence trouvait son affectation naturelle dans d'autres classes de l'Exposition.

Ce n'est que le 19 janvier 1888 qu'un nouveau bureau fut constitué sous la présidence de M. A. Servant; M. Milne-Edwards en était le vice-président, M. J. Bresson, le rapporteur et M. H. de Clermont, le secrétaire. Cette date indique le début du fonctionnement réel de notre classe. Mais combien les incidents du commencement, les atermoiements avaient augmenté les difficultés de la tâche! Le retard dans les demandes d'admission, conséquence naturelle de la constitution incomplète du bureau, en laissant indécise l'importance que pourrait prendre notre exhibition, avait presque autorisé la Direction générale à méconnaître et à sacrifier nos intérêts qui n'avaient pas eu de défenseurs autorisés. Un emplacement insuffisant, dans une situation écartée, nous avait été attribué, alors que l'éclat et la variété de ses produits avaient valu à la classe 43 une position privilégiée dans les expositions antérieures.

Cette situation était inacceptable; aussi, pour l'améliorer, quand le bureau du comité d'admission fut devenu le bureau du comité d'installation et qu'à la suite du vote des exposants, il eut été complété par l'adjonction de MM. Deyrolles, Grebert-Borgnis, L. Loyer et Hervé, des démarches répétées et pressantes pour l'améliorer furent faites auprès de la Direction générale.

Nous désirions l'attribution d'un autre emplacement dans l'espoir de reconquérir l'adhésion d'un certain nombre d'exposants qui s'étaient retirés mécontents d'une place ne leur permettant pas de faire valoir leurs produits. Nous finîmes par obtenir la concession d'une travée indépendante pour l'installation de notre section de pêche, mais notre exposition en était coupée en deux et nos dépenses augmentées. Puis, l'énergie de nos plaintes, dont la légitimité était affirmée par le nombre considérable de nos exposants, nous valut enfin un traitement plus équitable qu'améliora encore l'esprit de conciliation du comité de la classe 42 qui nous avoisinait. On nous concéda une grande vitrine au centre de la galerie de 30 mètres, deux grandes vitrines enclavées dans la large baie décorative de cette galerie, enfin une quatrième vitrine dans l'emplacement attribué à la classe 42. Assurés, dès lors, de sortir de l'obscurité et de l'étranglement où nous avions été confinés et de pouvoir présenter, dans la lumière qu'elles méritent, nos fourrures à l'admiration des visiteurs, nous pûmes aller de l'avant, satisfaire aux réclamations des exposants et organiser sur une base sérieuse l'installation matérielle de notre classe.

Nous renonçâmes à faire appel au concours d'un architecte. Notre plan général étant bien arrêté, nous nous crûmes plus certains de le réaliser en évitant une intervention étrangère ayant ses idées propres et une tendance à la dépense décorative ce qui eut été contraire aux intérêts de nos exposants. Le 14 janvier 1889, nous tranchâmes au profit de M. J. Allard fils l'adjudication des travaux pour l'ensemble de la classe. Les peintures donnèrent lieu à un forfait avec M. Belloir-Vazelle. Ces entreprises, surveillées par le comité, furent exécutées avec une conscience parfaite dans la limite du temps et des prix fixés. Elles comportèrent une dépense totale de 72,558 fr. 85, inférieure de 3,441 fr. 15 aux prévisions acceptées par les exposants, tout en nous permettant de verser la somme de 300 francs à l'Assistance publique.

Nous avons fait allusion aux difficultés qu'avait fait naître la classification des objets revendiqués par la classe 43. Cette classification résultait du programme des expositions antérieures et semblait définitivement arrêtée par la décision du Comité supérieur.

Nous eûmes cependant à nous débattre avec la plus grande énergie contre les prétentions des comités d'autres classes, qui s'efforçaient de nous enlever des exposants pour gonfler le chiffre des leurs. C'est ainsi que la classe 35 prétendait revendiquer, comme accessoires du vêtement, les baleines de corne, et que la classe 36 voulait faire rentrer les fourrures dans la catégorie de l'habillement des deux sexes.

On eût découronné ainsi notre exposition d'un de ses plus beaux et plus importants produits et méconnu d'une manière flagrante la logique d'une classification qui nous attribue les produits de la chasse; ces prétentions, auxquelles il aurait appartenu à la Direction générale d'opposer un refus formel, s'étaient accusées au point que le bureau de notre comité a dû, pour faire triompher son droit, forcer des résistances incompréhensibles et vaincre de grandes difficultés. A combien plus juste titre aurions-nous pu répondre à ces revendications en réclamant pour nous ce qui nous avait été enlevé : la gutta-percha qu'on a jugé à propos de distraire du caoutchouc qu'on nous a laissé, et toutes les huiles animales qui auraient dû rester jointes à nos huiles de poissons.

Des incidents de cette nature, qui se sont produits pour d'autres classes que la nôtre, ne devraient pas être possibles. Ils appellent l'attention du Ministre du commerce, auquel il appartient de régler définitivement et dans tout son détail la classification normale de tous les produits et leur répartition entre les diverses sections des expositions. Il n'est pas admissible, en effet, de laisser subsister à cet égard une incertitude qui, outre qu'elle révèle un défaut de méthode et une ignorance des données économiques, présente de nombreux inconvénients. Les exposants, comme les comités d'admission et d'installation, ont besoin d'être fixés sur leurs droits et sur leurs obligations; ils ne doivent pas être exposés à des querelles et tenus à des négociations incompatibles avec l'œuvre d'une entreprise internationale. A défendre leurs droits et leur compétence, les comités perdent de leur autorité pour solliciter les adhésions des exposants et garantir leurs intérêts auprès du jury des récompenses.

Nous estimons donc qu'à tous les points de vue il est nécessaire d'arrêter définitivement la règle des classifications.

Voici le résumé des opérations des comités d'admission et d'installation :

Le comité d'admission, constitué le 13 avril 1887, termina son travail le 14 décembre 1888.

Il eut à examiner 170 demandes et en a admis 90.

Le comité d'installation a opéré du 14 décembre 1888 au 5 juillet 1889.

Il eut à préparer les installations de 89 exposants.

La Direction générale n'avait offert que 520 m. 88, chemins compris, alors qu'en 1878 on nous avons avait attribué 975 mètres.

Nos démarches et nos combinaisons avec la classe 42 nous valurent finalement 828 m. 43, plus 55 mètres de surface murale affectée aux panneaux de façade de la porte de Pêche.

Ces surfaces ont été distribuées, conformément au règlement, par deux tiers en chemins et un tiers en vitrines dont voici l'état :

75 m. 75 de vitrine d'une hauteur de	3 m. 31
12 mètres de vitrine d'une hauteur de	4 m. 90
81 mètres de vitrine d'une hauteur de	3 m. 99
56 m. 25 en stalle d'une hauteur de	6 m. 85
7 m. 50 en socles d'une hauteur de	5 mètres.
65 m. 71 mural d'une hauteur de	5 mètres.
4 mètres en pouff d'une hauteur de	1 mètre.

C'est dans ces conditions que la classe 43 se présenta au jury. En y comprenant les expositions étrangères et les expositions spéciales des colonies, elle présentait un ensemble de 714 exposants et une variété de produits dont le tableau suivant de la classification générale divisée en : chasse, pêche, cueillettes, donnera une idée complète.

CHASSE, PRODUITS DE LA CHASSE.

Pelleteries. — Fourrures. — Peaux apprêtées teintes ou lustrées pour la fourrure et la pelleterie. — Peaux apprêtées d'agneaux et de moutons pour la fourrure, la pelleterie, la ganterie, la galocherie, la bourrellerie, la sellerie, les tapis. — Poils pour la chapellerie provenant des peaux de garennes, de lièvres, de lapins, de castors, de rats musqués et de loutres. — Peaux brutes pour tannerie. — Naturalisations. — Dépouilles d'oiseaux pour modes et parures. — Plumes et duvets pour literie. — Plumes d'autruches. — Crins et soies de porcs. — Cornes pour imitation de baleines. — Ivoires. — Musc. — Castoreum. — Civette. — Cantharides.

PÊCHE.

Appareils pour la pêche en eaux profondes. — Filets. — Engins pour la pêche fluviale. — Nasses et pièges.

Produits de la pêche. — Perles. — Coquilles et nacre. — Corail. — Éponges. — Écailles de tortues. — Baleines. — Blanc de baleine. — Huiles et graisses de poissons.

CUEILLETTE.

Caoutchouc. — Gommes. — Résines. — Ambre. — Cire. — Champignons. — Truffes. — Miel. — Corozo ou ivoire végétal. — Arachides. — Quinquinas. — Feuilles de coca. — Orseille. — Salsepareille. — Rhubarbe. — Écorces et fibres diverses. — Graminées en général. — Feuilles, plantes et racines diverses, sauvages ou cultivées, propres à la pharmacie et à l'herboristerie.

L'examen d'un pareil ensemble de produits exige des compétences variées qui se sont rencontrées aisément parmi les dix-huit membres composant notre jury. Il nous sera permis cependant d'émettre le vœu qu'à la prochaine Exposition universelle, la tâche de présenter les résultats de la classe 43 soit répartie entre deux rapporteurs. Nous ferons tout effort pour remplir le mandat dont nous avons été honoré, et pour lequel des collaborations aussi compétentes que précieuses nous ont été données, mais nous ne saurions nous dissimuler que l'autorité de notre rapport eût gagné si deux responsabilités au lieu d'une seule y avaient été engagées.

Conformément aux traditions de la classe, nous avons admis pour les récompenses une classification traduite par une cote de 1 à 5 pour la mention honorable, de 6 à 10 pour la médaille de bronze, de 11 à 15 pour la médaille d'argent, de 16 à 20 pour la médaille d'or, de 21 à 25 pour le grand prix; c'est dans ces conditions que nous avons soumis le résultat de nos opérations tant au jury de groupe qu'au jury supérieur; notre rapport a été non seulement ratifié par ces deux juridictions supérieures, mais il nous a même été attribué quelques relèvements de récompenses.

Avant de pousser plus loin notre étude, nous avons le devoir et sommes heureux de remercier les collaborateurs dont le concours nous a permis d'entreprendre la rédaction de ce rapport. Leur compétence éprouvée nous était un gage précieux de la sûreté de notre exposé, et leur complaisance un témoignage que nous avons été flatté de recueillir.

En dehors de notre président, M. Servant, dont le remarquable travail, qu'il avait présenté comme rapporteur de la classe 42 de l'Exposition de 1867, nous a été d'une aide considérable, nous tenons à rendre hommage aux études qui nous ont été soumises par :

Notre collègue du jury, M. Prévot, pour les peaux brutes pour tanneries, ainsi que les huiles et graisses de poissons;

Nos collègues du jury, M. A. Guyot, M. le vicomte de Montmort, pour les plumes d'autruches;

M. E. Deyrolle, pour tout ce qui touche à la *naturalisation;*

M. E. Loyer fils, pour les crins, et notre collègue, M. Déséglise, pour les soies de porc;

M. Albert Ochsé, pour les cornes, les ivoires, les perles, les coquilles et nacres, le corozo ou ivoire végétal;

M. Henry Klotz, pour les muscs;

Notre collègue, M. Moriceau, et tout particulièrement M. Robillard, pour la pêche et les engins pour la pêche fluviale;

Notre collègue, M. Coulombel, et tout spécialement M. de Mercier, pour les éponges et le corail;

M. E. Chanudet, pour les baleines;

M. G. Menier, pour le caoutchouc.

Quelques-uns de ces travaux mériteraient de faire l'objet d'une publication séparée. Nous avons vivement regretté que la nécessité des proportions à donner à notre rapport nous ait obligé à réduire les exposés à un simple et sans doute insuffisant résumé.

Gr

CHASSE,

C, D	Vitrines cou
E, F, G, H	Vitrines de
I	Vitrine dan
J, K	Vitrines en
L	Grande vitr
M, N	Boxes des
O, P, Q, R	Petites vitri

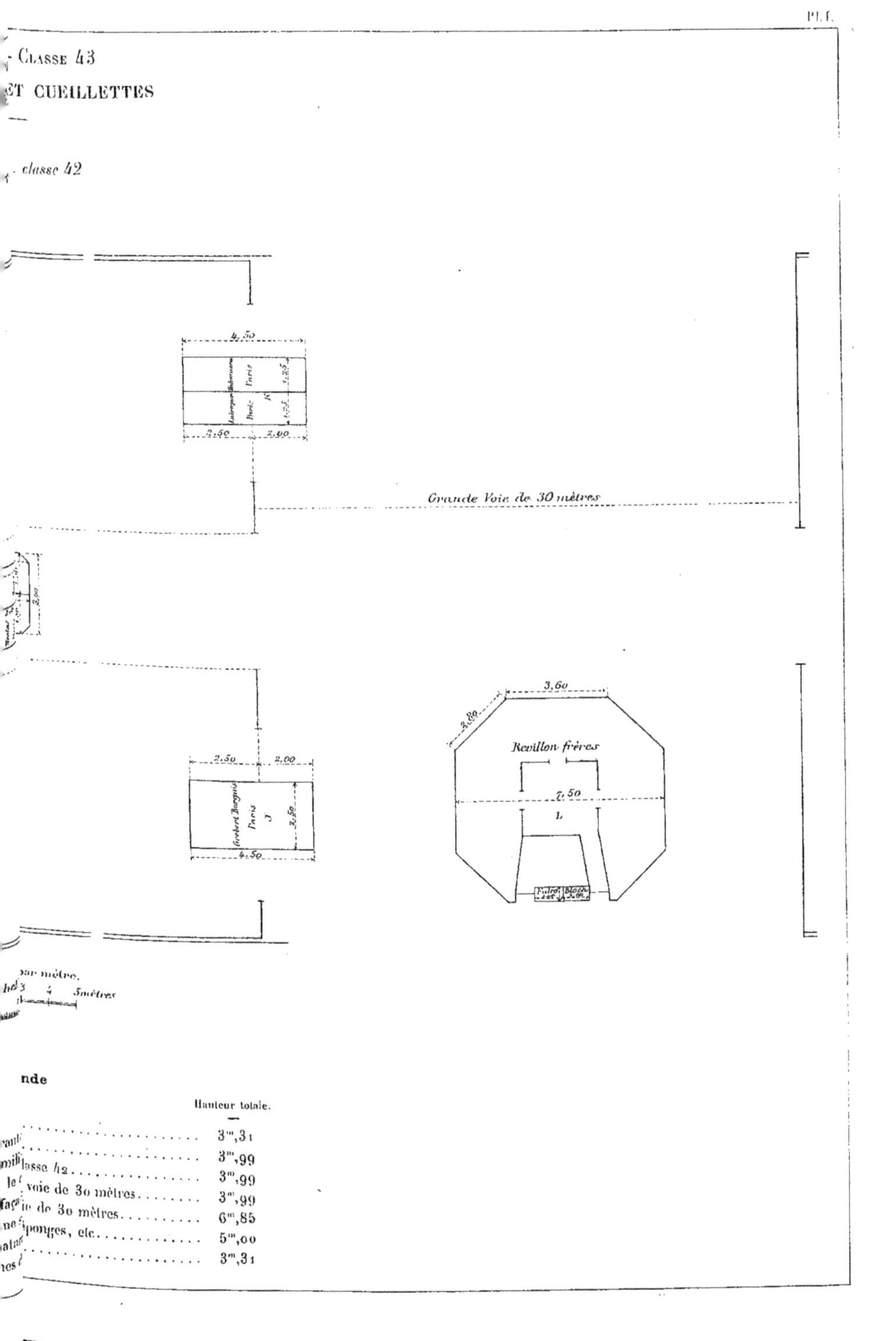
- Classe 43
ET CUEILLETTES
classe 42
4.50
Paris
2.50
2.00
Grande Voie de 30 mètres
3,00
2.50
2.00
Grebert Borgnis
Paris
J
2.50
4.50
3,60
2,80
Revillon frères
7.50
L
par mètre.
3
4
5 mètres
nde
Hauteur totale.
3m,31
3m,99
lasse 42
3m,99
voie de 30 mètres
3m,99
ie de 30 mètres
6m,85
ponges, etc.
5m,00
3m,31

Classe 43

PAVILLON DE LA PÊCHE

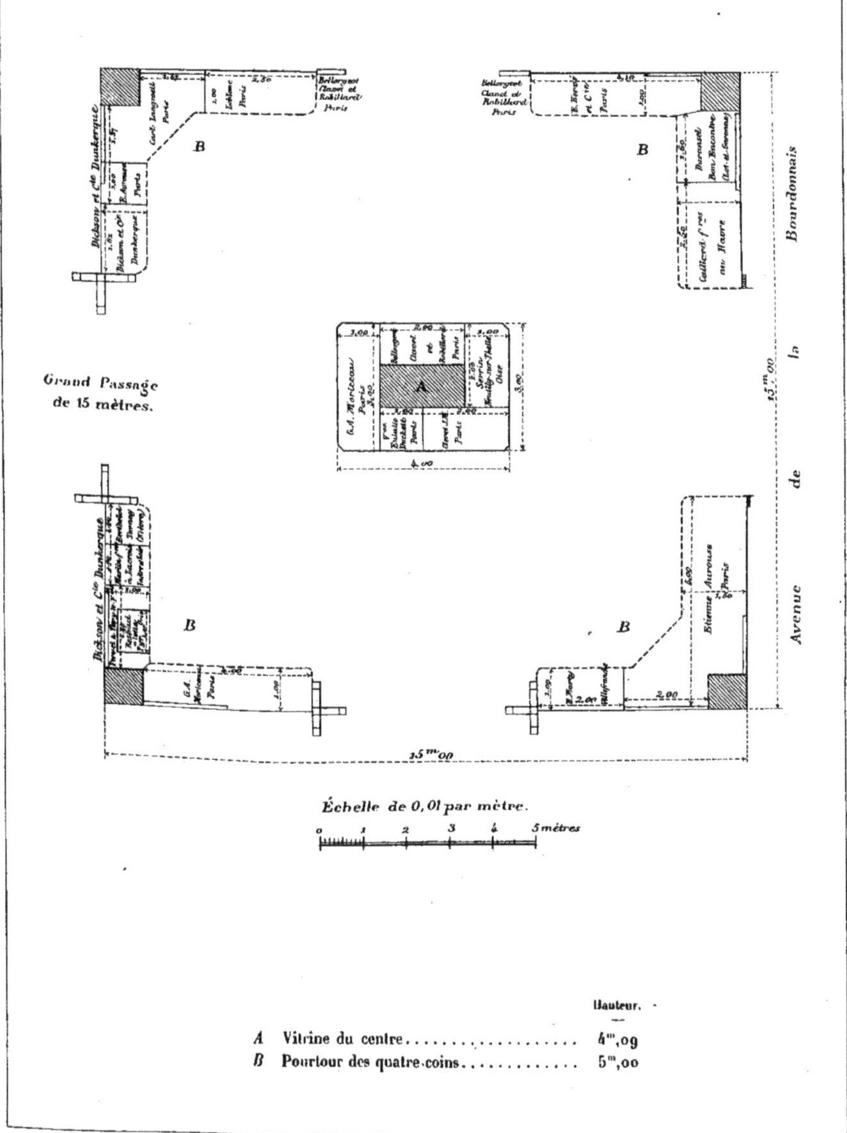

		Hauteur.
A	Vitrine du centre....................	4m,09
B	Pourtour des quatre coins.............	5m,00

Imprimerie Nationale.

CHASSE ET PRODUITS DE LA CHASSE.

PELLETERIES. — FOURRURES.

La pelleterie est l'art de préparer les peaux garnies de leurs poils pour en faire des fourrures, de les apprêter en les assouplissant et souvent de les lustrer en leur donnant la teinture.

Aucune industrie ne provoque un mouvement d'affaires plus intéressant; aucune ne donne à la matière première une valeur plus considérable. Aussi représente-t-elle, tant pour le commerce et la consommation intérieurs, que pour l'importation et l'exportation, un chiffre de transactions très élevé qui n'est pas inférieur à 70 millions de francs.

Elle fait circuler la richesse par une variété infinie de canaux et met en mouvement une multitude d'intermédiaires, depuis le chasseur de fauves et l'éleveur de bétail jusqu'à la ménagère qui vend les dépouilles de ses lièvres et de ses lapins au chiffonnier, depuis le navigateur marchand jusqu'au colporteur, qui assure le ramassage des peaux et les apporte aux foires et aux petits marchands, enfin depuis le négociant jusqu'au fourreur. Dans tout ce mouvement, la valeur de la matière première va jusqu'à être décuplée.

La mise en œuvre de ces matières exige une grande compétence, beaucoup d'art et de goût.

Chaque climat, en effet, donne aux peaux une valeur spéciale, chaque bête à fourrure a des qualités distinctes, suivant la nourriture qui l'a alimentée, suivant l'époque de l'année où le chasseur s'en est emparé, les bêtes d'hiver étant, comme de juste, fourrées plus chaudement que celles d'été.

Le pelletier est tenu d'apprécier sans erreur ces particularités. Il doit savoir se plier aux exigences des industries qu'il approvisionne, chapellerie, peausserie, ganterie, galocherie, brosserie, plumasserie, bimbeloterie, bourrellerie, articles de chasse, pinceaux, fournitures militaires, etc. Il faut encore et surtout qu'il inspire, suive et satisfasse la mode qui tend à devenir son meilleur client et dont il lui est nécessaire de s'assurer la fidélité.

Depuis l'époque où la sauvagine autochtone contribuait presque seule à la parure et au confort des puissants et des riches d'autrefois, des progrès immenses ont été réalisés par la pelleterie, progrès liés au développement des entreprises coloniales. La France et l'Angleterre, aux XVIe et XVIIe siècles, ont eu alternativement la fortune d'exploiter les richesses de l'Amérique du Nord, des pays du Mississipi et du Canada surtout, suivant que leur puissance et leur politique leur assuraient le concours des peuplades indiennes. De grandes compagnies de négoce, pourvues de privilèges royaux qu'elles payaient en fondant la colonisation, servies par la légendaire audace des trappeurs, avaient monopolisé le commerce des fourrures. Le goût et bientôt le besoin s'en répandirent en Europe. L'industrie s'ingénia aussitôt à tirer des produits nationaux un parti plus complet. Aidée par des ouvriers habiles, que nous ne sommes jamais en peine de former, par les progrès des sciences chimiques et mécaniques, la France ne tarda pas à prendre le premier rang dans la préparation des fourrures, au point que c'est notre exportation qui fournit aux pays étrangers la plus grande partie des articles de luxe dont ils nous ont envoyé la matière première.

Si nous devons constater nos mérites, nous n'irons pas toutefois jusqu'à dire que nous pouvons nous endormir sur nos lauriers. A mesure, en effet, que la consommation augmente, que le goût des fourrures se démocratise (et nous n'avons qu'à jeter les yeux autour de nous pour nous rendre compte de l'universalisation des habitudes à cet égard), des efforts nouveaux et menaçants sont faits par l'industrie étrangère. L'Allemagne, l'Angleterre, l'Amérique surtout, nous donnent du souci. Et cependant, au milieu de ces luttes internationales où l'industrie de chaque pays semble à l'envi rechercher la couverture des protections douanières, la pelleterie ne demande pas à reprendre des langes. Elle a pleine confiance dans ses forces et dans ses moyens.

Que représente au juste la pelleterie nationale, c'est-à-dire celle qui ramasse les peaux françaises? En dehors des lièvres et surtout des lapins, dont la royauté s'affirme avec éclat et qui sont les maîtres de notre chapellerie, dont la peau moelleuse et épaisse fournit au lustrage la matière des imitations de fourrures les plus riches et les plus variées, du lapin qui donne des vêtements de duchesse aux plus modestes ouvrières et dont on estime la production annuelle à 70 millions d'individus, notre pays récolte par centaines de milliers des peaux de chèvres, d'agneaux, de moutons; par dizaines de milliers, des peaux de chats, de renards, de putois, de fouines, de blaireaux, de martres, de loutres de rivière, de chevreuils, de sangliers, d'oies.

Sauf notre lapin, dont les congénères d'Amérique et d'Australie ne contestent pas les mérites, les espèces similaires de cette sauvagine dans les autres pays : lièvres d'Allemagne et de Russie, garennes d'Angleterre et d'Écosse, ont une valeur intrinsèque supérieure aux nôtres.

Nous ne luttons pas contre les chèvres angora, les chèvres de Chine, les agneaux de l'Ukraine et les peaux de l'Astrakan que l'on va, au milieu de la gestation, chercher dans le ventre des brebis; nous n'avons pas les lièvres noirs de Russie, les lièvres blancs de Sibérie. Notre chat de feux, malgré son pelage varié et le bon travail de ses peaux, ne saurait tenir tête au chat angora, dont la fourrure rappelle celle du renard blanc, au chat-tigre, au chat-cervier noir, au caracal de la Cafrerie et de Java, aux lynx dorés d'Amérique et de Sibérie. Nos castors ne valent pas ceux d'Amérique; nos loutres de rivière, celles du Canada, de Virginie, de Danemark et de la Suède, qui sont devenues indispensables aux casquettiers, gantiers et tailleurs. Et que dire des admirables loutres de mer d'Arkangel et du Kamtschatka dont la valeur atteint des centaines de francs, des martres du nord de l'Europe et d'Amérique, des martres-zibelines de Sibérie, au poil long et brillant qui reste dans le sens où on l'a couché, de la zibeline blanche aussi rare et précieuse que l'hermine!

Nous nous plaisons à continuer cette nomenclature qui donne une idée bien exacte des richesses que la faune de l'univers a fait figurer dans notre classe.

Voici l'hermine de Russie, congénère de notre belette, et surtout celle de Sibérie, blanche ou mouchetée, les renards rouges d'Amérique, gris de Virginie, les renards si précieux de la baie d'Hudson, de la Tartarie et surtout des parties montagneuses de la Sibérie, les renards argentés de l'Amérique boréale dont le prix atteint plus de 1,000 francs, les renards bleus et blancs de la mer Glaciale, enfin les singes argentés du Nil blanc, le singe noir du Sénégal et de Guinée.

Ajoutez-y le bison du Canada, le chinchilla, et, parmi les bêtes dont la dépouille fournit les pelleteries spéciales pour les tapis, le tigre de Sumatra, de Siam, des îles de la Sonde, le lion mâle, le bison d'Amérique, les yacks de Chine, les léopards, les zèbres et surtout les ours bruns d'Europe, noirs d'Amérique, blancs terrestres de Tartarie, et le grand ours blanc des régions polaires dont la peau d'hiver est si magnifique et si précieuse.

Toute cette richesse, c'est nous, ce sont nos pelletiers, nos fourreurs qui savent le mieux la mettre en lumière.

Nous avons dit qu'il leur faut une grande expérience qui les constitue bien à l'état de spécialistes industriels et qui justifie leur exposition dans la classe 43. Ils tiennent naturellement à être jugés au point de vue de la préparation, du montage des pelleteries et des fourrures et non pas seulement au point de vue de la confection, comme le pensait indûment le jury de la classe 36 quand il les revendiquait pour lui.

Si nous avons examiné les produits en tenant compte dans une certaine mesure de la confection, c'est que souvent nous nous trouvions devant des pelisses, des sorties de bal ou autres vêtements de ce genre où précisément le talent et le goût du pelletier fourreur relèvent directement de son industrie.

Depuis la dernière exposition de 1878, la mode de la fourrure s'est de plus en plus généralisée. Fourreurs, marchands de nouveauté, merciers, passementiers, chapeliers, modistes, tailleurs, gantiers concourent à ce résultat. Pour y parvenir, il a fallu quitter les sentiers battus et imaginer des nouveautés qui sont le principal attrait de l'esprit cosmopolite qui nous pénètre. Grâce au travail persévérant des spécialistes, on est parvenu à travailler certaines peaux de manière à les assortir aux étoffes en leur donnant une teinture légère sans en altérer la solidité; tel renard né blanc ou roux est devenu ou noir, ou bleu, ou brun suivant la loi de la mode. Telles nous voyons des fleurs artificielles que ne contint jamais aucun herbier

Pour satisfaire à ces fantaisies, l'importation a fourni des spécimens de toutes les peaux de bêtes à poil, terrestres ou aquatiques; mais, en fait, très peu des espèces inconnues jusqu'alors ont pu être utilisées.

On peut évaluer à 25 p. 100 environ l'augmentation du nombre des peaux à fourrure travaillées depuis 1878.

Depuis cette époque, l'exportation a fait de grands progrès; le chiffre ne doit pas en être inférieur à 15 millions

Les principaux acheteurs de nos produits manufacturés sont l'Angleterre, la Belgique, l'Italie, l'Amérique du Nord, le Canada, l'Amérique du Sud et la Russie. Mais ces portes de sortie pourraient nous être fermées par l'adoption du régime protectionniste; la lutte nous deviendrait impossible si les pelleteries brutes étaient taxées à l'importation, et nous devrions bientôt baisser pavillon devant les concurrences anglaise et allemande.

Une grande partie des matières premières (pelleteries brutes) qui nous sont nécessaires sont acquises en vente publique à Londres sans aucun droit d'entrée.

Un arrêt dans notre exportation serait très préjudiciable aux nombreux ouvriers et ouvrières qui sont occupés à l'apprêt, à la teinture, à la fabrication des fourrures, et qui y trouvent un salaire annuel d'au moins 6 millions

Ce que nous disons des peaux brutes (pelleteries) s'applique aussi aux pelleteries apprêtées (non ouvrées). Plus on les chargerait de droits d'entrée, moins nous en exporterions transformées en fourrures, telles que manchons, boas, cols, manteaux, jaquettes, pelisses, chapeaux, bordures, etc.

Quand on a été à même d'apprécier la belle exposition des fourrures de France dont l'agencement plein de goût dans toutes les vitrines proclamait notre prééminence industrielle, on comprendrait difficilement que notre pelleterie ne fût pas libre-échangiste. La liberté des transactions est le gage même du maintien de notre supériorité. Des progrès énormes ont été réalisés par certaines maisons; aux prix d'efforts incessants et coûteux, elles sont parvenues à créer sur des bases solides l'apprêtage des peaux, leur lustrage et leur confection et à former un centre de fabricants et d'ouvriers qui nous soustrait au tribut que nous devrions payer à l'Allemagne et à l'Angleterre. Nos fabricants demandent donc qu'on les émancipe complètement.

Les tarifs actuels prêtent à des contestations journalières entre les pelletiers et l'administration des douanes et motivent des expertises constantes et difficiles; il y aurait donc lieu de remanier des classifications surannées, d'abaisser ou de supprimer même les droits qui sont une entrave à nos progrès. Prétendrait-on, par une politique contraire, établir l'utilité, par exemple, de protéger en France l'élevage du renard, de la fouine et du putois? Et, alors que tant d'industries réclament la protection, ne trouverait-on pas possible d'affirmer le libre-échange au profit d'une des seules branches du travail national qui le réclame?

La Russie seule est capable d'entrer en concurrence avec nos pelletiers-fourreurs.

Pour ce pays, la fourrure, depuis la plus fine jusqu'à la plus commune, constitue un produit de première nécessité dont la fabrication et la consommation ont un développement considérable. La fourrure russe est pratique avant tout, appropriée aux besoins du pays; mais elle n'est pas traitée avec la science, le goût, la recherche que nous savons y mettre. Aussi la fourrure française, qui réunit les qualités de commodité, d'élégance, de mode, est-elle assurée d'une exportation énorme dans toutes nos succursales étrangères. La Russie lui paye son tribut comme la Suède, la Norvège, le Danemark.

L'Amérique n'était représentée que par un seul exposant. Elle aurait pu faire mieux car l'industrie et la consommation des fourrures y sont développées à un degré absolument inconnu chez nous. Quant à l'Angleterre qui compte des pelletiers-fourreurs très importants, elle n'était, elle aussi, représentée que par un seul exposant, lequel même est établi à Paris avec succursale à Londres. Aussi le jury a-t-il cru devoir le comprendre pour les récompenses au titre d'exposant français.

En résumé, de l'examen comparatif des expositions diverses, est résultée la preuve indéniable que les pelletiers-fourreurs de France ont fait les plus grands progrès.

TABLEAU DES EXPOSANTS PAR NATIONALITÉ.

Nombre d'exposants inscrits.................................... 126
Nombre d'exposants récompensés.................................... 88

PAYS.	COLLABORATEURS.	HORS CONCOURS.	GRANDS PRIX.	MÉDAILLES D'OR.	MÉDAILLES D'ARGENT.	MÉDAILLES DE BRONZE.	MENTIONS HONORABLES.	NON RÉCOMPENSÉS.	PAS ARRIVÉS, PAS JUGÉS.	RENVOYÉS À D'AUTRES CLASSES.	RETIRÉS.	NOMBRE des EXPOSANTS par NATIONALITÉ. INSCRITS.	RÉCOMPENSÉS.
France	//	//	2	5	2	1	2	//	//	//	//	12	12
Colonies	//	//	//	//	//	//	3	1	//	//	1	5	3
République Argentine	//	//	//	//	3	6	7	25	//	//	//	41	16
Bolivie	//	//	//	//	//	1	10	6	//	//	//	17	11
Brésil	//	//	//	//	//	//	7	//	//	//	//	7	7
Chili	//	//	//	//	2	//	1	//	//	//	//	3	3
Danemark	//	//	//	//	1	//	//	//	//	//	//	1	1
République Dominicaine	//	//	//	//	//	//	1	//	//	//	//	1	1
Équateur	//	//	//	//	//	1	2	//	//	//	//	3	3
États-Unis	//	//	//	//	1	//	//	//	//	//	//	1	1
Grande-Bretagne	//	//	//	//	//	//	//	//	//	1	//	1	//
Guatemala	//	//	//	//	//	//	1	//	//	//	//	1	1
Mexique	//	//	//	//	//	2	4	//	//	//	//	6	6
Norvège	//	//	//	2	//	//	//	//	//	//	//	2	2
Paraguay	//	//	//	//	//	1	//	//	//	//	//	1	1
Roumanie	//	//	//	//	1	//	//	//	//	//	//	1	1
Russie	//	1	//	1	3	4	2	1	1	//	//	13	10
Salvador	//	//	//	//	//	1	3	//	//	//	//	4	4
Suède	//	//	//	1	//	//	//	//	//	//	//	1	1
Uruguay	//	//	//	1	//	1	1	//	//	//	1	4	3
Victoria	//	//	//	//	1	//	//	//	//	//	//	1	1
TOTAUX	//	1	2	10	14	18	44	33	1	1	2	126	88

IMPRIMERIE NATIONALE.

LISTE DES EXPOSANTS.

Exposant	Produits	Pays
Bianchi père et fils	Tapis en peaux de mouton	France.
P. Bordage	Fourreur	France.
Grebert-Borgnis	Pelleteries et fourrures	France.
Félix Jungmann	Pelleteries et fourrures	France.
J.-M. Labroquère	Fourreur	France.
A. Rehbock	Pelleteries et fourrures	France.
A. Reschofsky	Spécialité de toques et chapeaux en fourrure	France.
St Révillon	Pelleteries et fourrures	France.
Révillon frères	Pelleteries et fourrures	France.
Sens-Bresson	Pelleteries et fourrures	France.
Ferenz Truth	Couvertures en fourrure	France.
Valenciennes	Pelleteries et fourrures	France.
Victor Arnaud	Peaux diverses du pays	Algérie.
G.-G. Combe	Tapis en peaux de chacal	Algérie.
Mme Humblot	Tapis en peaux de Madagascar	Madagascar.
Commission auxiliaire de Jujuy	Peaux	Républ. Argentine.
Commission auxiliaire de Misiones	Peaux	Républ. Argentine.
Commission auxiliaire de San Luis	Peaux	Républ. Argentine.
Aug. Ellerhorst	Peaux diverses	Républ. Argentine.
Gouvernement de Tierra del Fuego	Peaux de loutre	Républ. Argentine.
Froilan Juarez	Peaux	Républ. Argentine.
José A. Medina	Peaux	Républ. Argentine.
Musée du 11 septembre	Peaux	Républ. Argentine.
Fr. Olivero	Peaux	Républ. Argentine.
Pedro Oyhenart	Peaux de rats gondins	Républ. Argentine.
L. Perez	Peaux	Républ. Argentine.
Perez-Cueto	Peaux	Républ. Argentine.
Rivera frères	Peaux	Républ. Argentine.
F. de Souza Martinez	Peaux	Républ. Argentine.
Manuel Vieyra	Peaux	Républ. Argentine.
Juan van Wyl	Peaux	Républ. Argentine.
Comtesse D. Artola	Peaux	Bolivie.
Paul Bébin	Peaux	Bolivie.
J. Caso	Peaux	Bolivie.
A. Daza	Peaux	Bolivie.
J. Dorado	Pelleteries	Bolivie.
M. Dorado	Fourrures	Bolivie.
Farfan	Pelleteries	Bolivie.
L'abbé Faure	Pelleteries	Bolivie.
A. Pero	Pelleteries	Bolivie.
Salinas Vega	Pelleteries et fourrures	Bolivie.
Villalba	Pelleteries	Bolivie.
Alves Ferreira	Peaux	Brésil.

Exposant	Produits	Pays
Carlos ANDRADE	Peaux	Brésil.
M. CATTAO GOMEZ JARDIM	Peaux	Brésil.
COMMISSION COMM[le] DE MINAS GERAES	Peaux	Brésil.
C. DA COSTA SENA	Peaux	Brésil.
DINIZ	Peaux	Brésil.
GORCEIX	Peaux	Brésil.
COMMISSARIAT DE L'EXPOSITION	Pelleteries diverses	Chili.
Eugène GHIO	Peaux de chabin	Chili.
QUINTA NORMAL	Pelleteries et fourrures	Chili.
C. A. TROLLE	Pelleteries et fourrures	Danemark.
COMMISSION PROVINCIALE DE BARAHONA	Peaux de caïman	Rép. Dominicaine.
COMMISSION COOPÉRATIVE D'ESMERALDAS	Peaux	Équateur.
COMMISSION COOPÉRATIVE DE QUITO	Peaux	Équateur.
Président Ant. FLORES	Peaux de loutres	Équateur.
H. A. NEWLAND and C°	Fourrures	États-Unis.
Ant. LASO ARRIAGA	Peaux d'animaux	Guatémala.
ÉTAT DE DURANGO	Collection de pelleteries du pays	Mexique.
ÉTAT DE OAXACA	Pelleteries du pays	Mexique.
ÉTAT DE PUEBLA	Fourrures et peaux d'animaux sauvages du pays	Mexique.
ÉTAT DE ZACATECAS	Fourrures et peaux de mouton teintes et d'animaux sauvages du pays	Mexique.
J. J. CASTANOZ	Fourrures et peaux de pumas et jaguars	Mexique.
F. RAMIREZ	Fourrures et peaux de pumas et jaguars.	Mexique.
Carl BRANDT	Pelleteries apprêtées	Norvège.
J. N. BRUUN	Pelleteries apprêtées	Norvège.
Docteur HASSLER	Peaux diverses	Paraguay.
S. PRAGER	Fourrures	Roumanie.
N. B. EGGERS	Fourrures	Russie.
GORODICHTCH	Fourrures	Russie.
Moritz HERTZFELD	Fourrures	Russie.
KOROLEFF	Fourrures	Russie.
P. Y. MILTZEFF	Fourrures	Russie.
V. A. NOVINSKY	Fourrures	Russie.
M. F. SOUTIAGINE	Fourrures	Russie.
E. P. TIKHOMIROFF	Fourrures	Russie.
G. TRABSKY	Pelleteries	Russie.
S. YAEKEL	Fourrures	Russie.
DÉPARTEMENT D'AHUACHAPPAN	Peaux d'animaux	Salvador.
DÉPARTEMENT DE SANTA ANA	Peaux de jaguars	Salvador.
DÉPARTEMENT DE SAN VINCENTE	Peaux	Salvador.
S. E. DON F. MENENDEZ	Peaux de tigres	Salvador.
P. N. BERGSTROM	Fourrures	Suède.
COMPAGNIE DE LA PÊCHE DE LA LOUTRE	Peaux de loutres de mer	Uruguay.
ASSOCIATION RURALE DE MONTEVIDEO	Peaux de rats gondins, chèvres et chevreaux	Uruguay.

2.

Juan Prandoni	Peaux de moutons angora apprêtées et teintes	Uruguay.
S. R. Clark	Pelleteries et fourrures	Victoria.

Les exposants qui suivent ont été récompensés dans d'autres catégories ressortissant à la classe 43.

Exposition permanente des colonies	Pelleteries et fourrures	Colonies.
Alter David	Fourrures	Roumanie.
Département de Chalatenango	Peaux d'animaux	Salvador.
Département de La Libertad	Peaux d'animaux	Salvador.
Gouvernement de la République	Pelleteries	Rép. Sud-Africaine.

LISTE DES RÉCOMPENSES.

GRANDS PRIX.

MM. Révillon frères, successeurs de leur père, rue de Rivoli, 81, à Paris.

Comptoirs à Londres et à New-York.

Ont obtenu aux Expositions de :

1867, Paris, médaille d'or.

1876, Philadelphie, première récompense; M. Théodore Révillon nommé chevalier de la Légion d'honneur.

1878, Paris, grand prix; M. Albert Révillon nommé chevalier de la Légion d'honneur (décédé en 1888).

1880, Melbourne, premier ordre de mérite.

1883, Boston, diplôme d'honneur.

1883, Amsterdam, diplôme d'honneur.

1889, Paris, grand prix, voté à l'unanimité du jury avec mention de demande de la croix pour M. Léon Révillon. Cette demande, à notre grand regret, n'a pas été suivie d'exécution. M. Léon Révillon s'est attaché tout spécialement à transporter en France le travail de la peau de loutre de mer, alors que nous avions toujours été tributaires des Anglais. C'est grâce à son énergie, à sa persévérance et grâce aux nombreux capitaux qu'il y a sacrifiés que cet article, qui est l'un des plus importants de la pelleterie, est aujourd'hui une nouvelle branche d'industrie pour la France. C'est grâce aussi à son énergie et à sa persévérance que cette maison est arrivée à créer à Londres un comptoir important pour la vente d'articles confectionnés en France et qu'elle est parvenue à y faire un chiffre d'importation s'élevant à 5 millions de francs. Cette maison occupe le premier rang du monde dans sa spécialité; encouragée par les succès qu'elle a obtenus en Angleterre, elle vient de créer à New-York un autre comptoir spécial pour la vente des produits confectionnés français.

Elle occupe un personnel de 3,000 employés et ouvriers.

Jusqu'à présent, la majeure partie des ouvriers fourreurs sont d'origine allemande; mais cet état de choses est appelé à disparaître à bref délai, grâce à la création, par la maison Révillon frères, dès 1884, d'une école d'apprentissage ayant déjà donné les meilleurs résultats.

M. *Valenciennes*, à Paris.

Maison fondée en 1820 par M. Valenciennes père, reprise par le fils en 1857, réunie à la maison Gon en 1878 et à la maison Henckel-Schmidt en 1883. Elle compte donc soixante-dix-neuf ans d'existence sans changement de raison sociale. M. Valenciennes fait exclusivement les fourrures en détail pour la clientèle riche. Nous ne saurions assez insister sur le caractère de l'homme et la haute respectabilité de la maison, l'énergie de M. Valenciennes et le goût remarquable qui préside à toutes ses créations. C'est un fourreur estimé et apprécié de tous ses confrères et nous avons été très heureux de lui faire obtenir une haute récompense. Le jury a été unanime à lui accorder la cote 21 et était fortement enclin à lui donner une cote supérieure. La maison Valenciennes avait eu la médaille d'or en 1878.

MEDAILLES D'OR.

M. J.-M. *Labroquère*, à Paris.

Était intéressé dans la maison Révillon de 1865 à 1879. A quitté, en 1879, ses anciens chefs dans de parfaites conditions, après leur avoir rendu des services sérieux, pour fonder la Compagnie russe, et y a réuni la maison Detmar.

A cette époque, cette dernière faisait un chiffre d'affaires très limité et avait obtenu, en 1878, une médaille d'argent. En 1888, le chiffre d'affaires de la maison, dirigée par M. Labroquère, est plus que doublé. Les produits de cette maison sont particulièrement estimés pour la belle qualité des matières employées et pour le bon goût que porte chaque objet. Aussi le jury de la classe 43 a-t-il voté à l'unanimité la médaille d'or avec la mention 20.

M. L. *Sens-Bresson*, à Paris.

Maison de fourrures et pelleteries fondée en 1830 par M. Bresson père. A sa mort, en 1864, son fils, J. Bresson, lui succéda, et, en 1876, M. Sens-Bresson, parent du précédent et longtemps son collaborateur, prit la suite de la maison.

En 1885, M. Sens-Bresson y joint celle de MM. Baumblatt et fils, laquelle avait obtenu une médaille d'or en 1878. A la même Exposition de 1878, M. J. Bresson avait obtenu de son côté une médaille d'or. Sous l'active impulsion et la connaissance pratique de M. Sens-Bresson, la maison s'est développée rapidement.

M. S. *Révillon*, 89, rue des Petits-Champs, à Paris (succursale à Londres).

Maison très ancienne, reprise et continuée par M. S. Révillon depuis 1856.

Médaille d'argent, Paris, 1867.

Médaille d'or, Paris, 1878.

Il est très regrettable que cette maison ait été retenue par la classe 36 malgré nos protestations, et que, lorsqu'elle a voulu venir à la classe 43, nous n'ayons pu lui offrir une place digne d'elle. A ce moment les travaux d'installation de notre classe étaient déjà si avancés que nous aurions dû remanier toute la distribution des places, ce qui n'aurait jamais été admis de nos exposants auxquels nous avions déjà été forcés de n'accorder qu'une partie de leurs demandes. La maison S. Révillon est l'une des gloires de la fourrure française. Examinée par le jury de la classe 36, elle n'obtenait qu'une médaille d'or. Le jury supérieur nous ayant soumis cette récompense, nous ne pouvions, sans déjuger nos collègues de la classe 36, faire autre chose que la confirmer, mais il nous semble ne faire aucun doute que si le jury de la classe 43 avait eu à voter, il se serait prononcé pour le diplôme d'honneur.

M. C. Brandt, à Bergen.

Pelleteries apprêtées, animaux et oiseaux empaillés, fourrures. La première maison de Norvège, peut être aussi regardée comme une des meilleures de l'étranger. En 1867, elle obtenait une médaille de bronze. En 1878, le développement qu'elle avait pris lui valut une médaille d'or; nous ne voyons rien aujourd'hui qui puisse modifier cette décision.

M. P. N. Bergström, à Stockholm (Suède).

Maison de fourrures fondée en 1844. La plus importante de Suède. Sa fabrication s'adresse surtout à la clientèle riche. A obtenu une médaille d'argent en 1867, une médaille d'or en 1878. Les deux fils ont repris la suite des affaires de leur père en 1880 et accusent une augmentation de 25 à 30 p. o/o dans leur chiffre d'affaires. Nous ne pouvons donc que maintenir la médaille d'or pour cet exposant.

M. N. B. Eggers, à Moscou.

Maison de fourrures fondée en 1832, réputée très sérieuse et sincère dans ses opérations. Elle s'adresse surtout à la clientèle riche. En 1878, elle accusait un chiffre d'affaires de 30,000 roubles et obtenait une médaille d'or. Depuis, elle n'a pas cessé de progresser; par suite, mérite le maintien de cette récompense.

M. J. N. Brunn, à Trondhjem.

Fondée en 1852. Pelleteries, fourrures, animaux naturalisés et spécialité de couvertures en peaux d'oiseaux à duvet. Bonne maison qui, en 1878, avait obtenu une médaille de bronze. Après un examen attentif et renseignements pris sur sa progression, nous n'avons pas hésité à lui faire donner la médaille d'or avec la note 19.

Compagnie de la pêche de loutre, à Montevideo.

A la concession de la chasse de la loutre de mer sur les côtes de la République de l'Uruguay et de ce chef paye à ce pays une redevance de 200,000 francs. Elle est en pleine prospérité. Nous devons regretter qu'elle n'ait pas cru utile de nous remettre une notice faisant ressortir l'importance de ses opérations; cependant, vu la composition de notre jury, qui compte quatre personnes du métier, nous avons pu fournir à nos collègues des renseignements suffisants pour justifier la cote 18 accordée à cette compagnie.

M. J. Grebert-Borgnis, à Paris.

Pelleteries et fourrures. Cette maison accuse, pour 1855, un chiffre de 700,000 francs qui se serait progressivement élevé à 4 millions. Elle emploie 120 personnes dans ses ateliers et 100 en dehors, hommes et femmes. En 1867 et 1878, elle obtenait à Paris une médaille d'or. La même récompense lui était donnée à l'Exposition d'Anvers en 1885, et M. Grebert-Borgnis reçut la croix de la Légion d'honneur.

M. Rehbock, à Paris

Maison fondée par M. Holesh en 1840, reprise en 1867 par M. Rehbock, son gendre. Ne fait que le bel article et n'a pu participer à l'Exposition de 1878 pour cause de maladie. Le jury, déjà édifié sur les qualités et capacités de M. Rehbock, a été particulièrement bien impressionné par le travail remarquable de toutes les pelleteries et fourrures exposées tant au point de vue du fini que du bon goût, et si M. Rehbock n'avait pas été un nouveau venu dans une Exposition universelle de Paris, nous aurions certainement élevé sa cote de deux ou trois points.

Nous avons examiné dans son ensemble l'industrie de la pelleterie, nous étendant particulièrement sur celle de ses branches qui concerne la fourrure. Il nous appartient d'étudier de plus près les spécialités les plus importantes qui s'y rattachent et qui comprennent :

1° L'apprêtage des peaux d'agneaux et de moutons;
2° L'apprêtage et le lustrage des peaux de lapins;
3° La couperie des poils pour la chapellerie.

PEAUX APPRÊTÉES D'AGNEAUX ET DE MOUTONS.

L'apprêt des peaux d'agneaux mort-nés a, de temps immémorial, son siège dans le département des Basses-Pyrénées et en a pris le nom *d'apprêt de Bayonne*. L'apprêt de ces peaux, travaillées au confit, a pour résultat de produire des peaux de la plus grande souplesse et que nul autre apprêt ne peut réaliser. Le bon marché de la main-d'œuvre et l'expérience traditionnelle des ouvriers spécialistes assurent à ces peaux une préférence incontestée.

La petite ville d'Arnay compte trois établissements importants qui s'occupent spécialement de cette fabrication; une usine considérable, créée à Bayonne par M. G. Pinède, a donné, depuis vingt-cinq ans surtout, à cette industrie, le plus grand développement. Un outillage très perfectionné lui a permis de livrer à la consommation des articles d'une qualité irréprochable et à des prix défiant toute concurrence étrangère de l'Allemagne et de l'Autriche qui s'y sont essayées.

On fixe approximativement à 700,000 le nombre de peaux fabriquées et vendues annuellement. Elles trouvent leur emploi dans les industries suivantes : fourrage des gants, fourrage des chaussures, fourrage des vêtements, fabrication de jouets, fabrication des semelles fourrées.

Les pays de production des peaux brutes sont, principalement : La Plata, l'Espagne et la France. Le débouché des peaux apprêtées se trouve surtout aux États-Unis, en Angleterre et en France. On peut évaluer le chiffre d'affaires de cette industrie à 500,000 francs; il serait considérablement plus élevé n'était la concurrence de la flanelle imitant ces peaux d'agneaux mort-nés et celle de la mégisserie qui les emploie pour la fabrication des gants. De là, une surélévation dans le prix de la matière première.

M. G. Pinède, frappé par la concurrence de la flanelle dont nous venons de parler, a eu idée de se servir de la peau de mouton pour y tenir tête. Il a créé un genre spécial dans la fabrication de la peau de mouton; il consiste dans le rasage mécanique de la laine de manière à réduire à 0 m. 002 ou 0 m. 004 la hauteur de celle qui reste adhérente à la peau; la laine est d'une blancheur parfaite et le cuir très souple. La laine retirée des peaux par ce procédé paye largement la fabrication et la peau peut lutter avantageusement avec les tissus de laine.

Le prix de ces peaux de moutons est établi de 9 à 28 francs la douzaine.

Le chiffre de fabrication est évalué à 60,000 francs qui ont leur débouché en France dans la vallée du Rhône et, en partie, en Suisse. Les moutons, mis en œuvre, viennent généralement de La Plata.

La fabrication des peaux de mouton haute laine pour chancelières et tapis est presque tout entière entre les mains de la mégisserie parisienne qui achète la majeure partie des peaux sur le marché de la Villette. Cependant, les moutons picards et hollandais sont très recherchés pour les tapis; pour chancelières et jouets, on apprécie les moutons piémontais, gascons, berrichons et nivernais. La plus faible partie des produits de cette branche industrielle revient, au nombre de quelques milliers de peaux, à Bayonne qui travaille la chancelière d'origine d'Afrique ou de Picardie.

Il se vend annuellement 2,500 peaux de moutons teintes en couleurs pour tapis, d'une valeur d'environ 30,000 francs, et 40,000 peaux pour chancelières, jouets et fabricants de semelle, d'une valeur de 150,000 francs.

APPRÊTAGE ET LUSTRAGE DES PEAUX DE LAPINS.

Cette industrie, qui ne marquait encore qu'un faible progrès à la dernière Exposition, en a fait de très grands depuis cette époque.

Dès 1872, quelques maisons s'étaient préoccupées de la concurrence qui nous était faite par l'article bon marché produit exclusivement par la Belgique. Une main-d'œuvre moins élevée, des procédés de teinture et d'apprêt plus économiques et plus avantageux que les nôtres, la concentration dans la même usine de tous les détails du travail assuraient à l'industrie belge une situation privilégiée. Éclairés par l'étude de nos voisins, nos fabricants s'ingénièrent à modifier leur système de travail, à rechercher et à introduire de nouveaux procédés d'apprêt et de teinture.

Ils ne tardèrent pas, à force de soins et de sacrifices, à opérer un changement complet dans leur outillage et à affronter avec succès la concurrence étrangère. Les maisons Chapal frères et Pellissier-Lafrique, de Paris; Ulysse Déon, de Sens, sont parvenues à établir des produits d'un mérite tel que la situation respective des deux pays est renversée aujourd'hui.

De 250,000 douzaines, la Belgique est tombée à 100,000, tandis que la France est montée de 80,000 à 220,000 douzaines de peaux de lapins façonnées. Notre fabrication ne s'applique pas, il est vrai, aux articles inférieurs qui ne sont dans les moyens que d'une main-d'œuvre bon marché; nos peaux sont plus soignées, d'une teinture plus belle et d'un prix peu supérieur à la fabrication belge. Nous avons ainsi reconquis notre marché et empiété sur les marchés étrangers. C'est la casquetterie française qui a surtout bénéficié de ces progrès dans l'apprêt et le lustrage.

Nos teinturiers à façons, de leur côté, ne pouvant plus conserver la clientèle des pelletiers-apprêteurs devenus teinturiers eux-mêmes, ont cherché à donner une plus grande extension à la teinturerie des fourrures fines, telles que peaux de loutres, de castors, de rats musqués, d'opossums dont une grande partie se teignait en Angleterre. Ils ont réussi à modifier et à faire apprécier leurs procédés et à donner une grande importance à plusieurs maisons. Barnoncel et Billaud, de Paris, par exemple, qui, il y a dix ans, ne teignaient que le lapin, traitent annuellement 30,000 loutres, 100,000 opossums, 100,000 rats musqués et une grande quantité de marmottes et autre sauvagines; Girodias, à Montreuil-sous-Bois, teint également une grande quantité de loutres.

On ne s'aventure pas en affirmant que la majorité des fourrures fines sont, depuis une dizaine d'années, teintes en France.

Randu, de Lyon, s'est créé une renommée pour la teinture en noir des lièvres de Russie.

Notre conclusion est hautement satisfaisante; nous avons su conquérir la première place sur nos concurrents étrangers.

COUPERIE DE POILS POUR LA CHAPELLERIE.

Nous venons d'étudier l'industrie d'apprêt et de teinture de la peau de lapin. Cette utile bête, après avoir été la providence de nos garde-manger et notre protectrice contre le froid, fournit encore par son poil la matière indispensable à notre chapellerie de feutre.

Combien sont-ils donc de par le monde les lapins domestiques, de garenne, et leurs congénères les lièvres, qui sont annuellement sacrifiés à nos besoins de toute sorte? Une statistique comparative n'a pu encore en être dressée avec rigueur; les chiffres que nous fournissons aujourd'hui, bien que puisés aux sources les plus autorisées, seront, sans doute, sujets à des redressements, mais ils serviront du moins de base pour les statistiques futures.

La France produit un ramassage d'environ 70 millions de peaux dont la majeure partie est constituée par la peau de clapier ou lapin domestique, puis la peau de garenne et enfin la peau de lièvre.

L'Angleterre fournit environ 30 millions de peaux, de garenne en majorité.

L'Australie est engagée dans une lutte acharnée contre le garenne qui se reproduit dans des conditions inquiétantes pour son agriculture. La destruction, qu'on y poursuit par tous les moyens, fait perdre un grand nombre de peaux, mais on peut évaluer à 15 millions celles qui sont expédiées aux fabriques d'Europe et d'Amérique. La presque totalité est en garenne avec quelques lièvres.

L'Autriche ramasse 8 millions de peaux, principalement de lièvres.

La Belgique produit 6 millions de peaux dont la majorité est formée par le clapier.

L'Allemagne ne fournit guère que 4 millions de peaux avec majorité de lièvres.

L'Espagne représente un ramassage de garennes et de lièvres de 4 millions.

Quant à la Russie et aux pays du Levant, nous n'osons affirmer aucun chiffre, mais il ne doit pas être inférieur à 8 millions de lièvres.

Le tableau suivant indique l'importance de l'importation et de l'exportation des différents pays et aussi celle de la transformation des peaux brutes dans ceux qui s'occupent de cette industrie :

PAYS.	RÉCOLTE.	IMPORTATION.	TOTAL DES PEAUX.	COUPE.	LUSTRE.	EXPORTATION.
	millions.	millions.	millions.	millions.	millions.	millions.
France	70	5	75	62	5	8
Angleterre	30	10	40	30	//	10
Australie	15	//	15	//	//	15
Autriche	8	1	9	7	//	2
Belgique	6	18	24	20	4	//
Allemagne	4	12	16	15	//	2
Espagne	4	//	4	4	//	//
Russie et Levant	8	//	8	6	//	//
États-Unis	//	20	20	20	//	//
TOTAUX	145	66	211	164	9	37

La France occupe le premier rang dans la production comme dans le travail de la peau.

Il y a pourtant lieu de remarquer combien son importation de peaux brutes est faible comparativement à celle de ses concurrentes, les fabriques anglaise, belge et allemande.

Mais revenons à la spécialité de la couperie du poil.

Il ressort du tableau que nous venons d'établir que la fabrique française pour la couperie est de beaucoup la plus importante. Mais il faut ajouter qu'elle se cantonne pour ainsi dire dans le traitement de la peau nationale, c'est-à-dire de la peau du clapier et du garenne, et qu'elle est de beaucoup inférieure aux fabriques anglaise, belge et allemande, pour la transformation des peaux importées des pays étrangers (peaux de lièvres et garennes). Nous ne parlons pas ici des autres sortes, peaux de castors, de rats gondins, de rats musqués qui ne sont pas travaillées en France.

Telle qu'elle fonctionne aujourd'hui, la couperie de poils française transforme chaque année 60 à 65 millions de peaux au moyen de 150 à 160 machines à couper réparties par moitié entre Paris et la province. Chacune de ces machines nécessite l'emploi de 3 hommes et de 11 femmes pour les diverses opérations de la coupe. On peut donc estimer à 2,500 le nombre des ouvriers employés par cette industrie.

La quantité totale des poils fabriqués chez nous représente 2 millions de kilogrammes et une valeur de 18 millions de francs; il y a lieu d'y ajouter la quantité de poils et sa valeur correspondante que l'importation des peaux étrangères nous apporte. Ces chiffres représentent l'importance de la fabrique de chapeaux française.

Examinons rapidement les conditions du travail de notre couperie française. Depuis l'Exposition de 1878, notre fabrication, tout en gardant le premier rang, pour les quantités produites, n'a pas fait d'aussi grands progrès que ses concurrentes belge, anglaise et allemande qui, tant au point de vue des quantités que de la qualité des produits, se sont signalées par l'amélioration incessante de leurs procédés.

C'est ainsi que notre chapellerie est encore tributaire des coupes étrangères pour certaines qualités supérieures que notre couperie ne produit pas.

Ainsi que nous l'avons déjà dit, la couperie française se borne à travailler la peau nationale. Pourquoi ne s'efforcerait-elle pas, en modifiant son organisation industrielle et en achetant sur les marchés étrangers des peaux brutes de nature autre que nos peaux françaises de s'assurer le bénéfice de la coupe, sinon de la totalité, au moins d'une partie des 242,000 kilogrammes de poil que notre chapellerie importe pour sa consommation?

Mais un fait beaucoup plus grave s'est produit dans ces dernières années; nous voulons parler de la création de la couperie aux États-Unis. Tributaires jusqu'à cette époque du poil européen, les États-Unis, à la faveur de droits protecteurs très élevés, ont établi un certain nombre de manufactures alimentées par des peaux de garenne anglaises et australiennes, de lièvres de toutes provenances, de castor et de rat gondin. Récemment, la coupe des clapiers de France y a été inaugurée, absorbant de 3 à 4 millions de nos peaux et les transformant en poils qui fournissent très exactement les qualités demandées par la chapellerie américaine.

Il y a là pour nos coupeurs une menace digne de leur attention. Certains d'entre eux ont pensé que le remède était dans l'établissement d'un droit de sortie de la peau française. Nous ne partageons pas leur avis. Notre meilleure défense consistera dans l'amélioration de nos procédés industriels et, comme conséquence, de nos produits fabriqués. Nos coupeurs doivent avant tout songer à établir leurs poils tels que les exige la chapellerie. La peau française est excellente; elle fournit des poils de première qualité qui, bien traités, se relèveraient aux prix qu'on offre pour les produits anglais et allemands.

L'importance des intérêts engagés justifierait de nouveaux efforts de nos coupeurs; ils doivent arriver à battre leurs concurrents pour la vente des poils de garenne, de lièvres étrangers et même des autres sortes chapelières que nous ne produisons pas encore.

TABLEAU DES EXPOSANTS PAR NATIONALITÉ.

Nombre d'exposants inscrits 25
Nombre d'exposants récompensés 23

PAYS.	COLLABORATEURS.	HORS CONCOURS.	GRANDS PRIX.	MÉDAILLES D'OR.	MÉDAILLES D'ARGENT.	MÉDAILLES DE BRONZE.	MENTIONS HONORABLES.	NON RÉCOMPENSÉS.	PAS ARRIVÉS, PAS JUGÉS.	RENVOYÉS À D'AUTRES CLASSES.	RETIRÉS.	NOMBRE des EXPOSANTS par NATIONALITÉ	
												INSCRITS.	RÉCOMPENSÉS.
France	//	1	//	9	9	//	//	//	//	//	//	19	18
Belgique	//	//	//	2	2	//	//	//	1	//	//	5	4
Russie	//	//	//	//	1	//	//	//	//	//	//	1	1
TOTAUX	//	1	//	11	12	//	//	//	1	//	//	25	23

LISTE DES EXPOSANTS.

BARNONCEL et BILLAUD	Lustreurs en pelleteries	France.
Jean BROSSEL	Coupeur de poil pour la chapellerie	France.
L. CHAPAL frères et Cie	Apprêteurs, lustreurs, coupeurs de poil	France.
Ulysse DÉON	Apprêteurs, lustreurs, coupeurs de poil	France.
J.-B. DOLAT frères	Apprêteurs, coupeurs de poil	France.
P. GÉLY aîné	Apprêteur, teinturier en peaux de moutons	France,
GIRODIAS père et fils	Lustreurs en pelleteries	France.
P. GOULARD aîné	Housses en peaux de mouton pour chevaux	France.
A. JOURDE fils et Cie	Coupeurs de poils pour la chapellerie	France.
LAFRIQUE et PELLISSIER	Apprêteurs, lustreurs, coupeurs de poil	France.
Aristide LESAGE	Coupeur de poil pour la chapellerie	France.
A. MONMANEIX-CHAPAL	Apprêteur	France.
Gustave PINÈDE	Pelleteries, peaux d'agneau	France
Jean PINTON	Apprêteur	France.
J.-B. RANDU et fils	Lustreur en pelleteries	France.
F. SAINT-GIRONS	Coupeur de poil pour la chapellerie	France.
Nicolas SCHMIT	Apprêteur de peaux en poil	France.
SERRE père et fils	Coupeurs de poils pour chapellerie	France.
Ed. BLOCK	Apprêteur, lustreur en pelleteries	Belgique.
Jules KOENIGSWERTHER	Apprêteur, lustreur en pelleteries	Belgique.
LÉVÊQUE et Cie	Apprêteurs, lustreurs en pelleteries	Belgique.
F. VAN HOEKE et Cie	Apprêteurs, lustreurs en pelleteries	Belgique.
Y. SCHICK	Apprêteur, lustreur	Russie.

LISTE DES RÉCOMPENSES.

MÉDAILLES D'OR.

MM. L. Chapal *frères et Cie*, à Paris.

Ont obtenu la médaille d'or en 1878.

Maison fondée en 1837 dans le principal but d'apprêter et mettre en douzaines des peaux de lapins qu'elle faisait teindre à façon. S'était créé rapidement une réputation de bonne fabrication et de loyauté en Russie, en Allemagne, en Angleterre et en Amérique, et tenait incontestablement la tête dans cette industrie. En 1874 la maison Chapal cherche à faire concurrence aux maisons belges dont la fabrication avait pris un développement considérable dans les sortes bon marché. Dans ce but elle modifie complètement sa façon d'apprêter les peaux et, en outre, fait de grands efforts pour s'approprier les procédés de teinture qui avaient permis à la Belgique de nous battre dans notre propre marché et sur les places étrangères. Son succès a du reste été complet de ce côté, et elle a de ce chef rendu service à l'industrie nationale.

En 1875, elle monte à Paris une couperie de poils pour la chapellerie, et dès le premier jour s'applique à ne produire que des articles irréprochables.

En 1878, elle obtient à Paris la médaille d'or pour l'ensemble de ses produits.

Depuis elle n'a cessé de progresser et d'apporter des modifications heureuses tant dans la fabrication de ses lapins lustrés que dans celle des poils pour la chapellerie.

En 1883, à la suite du voyage de l'un des fils Chapal aux États-Unis, et devant les droits de 20 p. o/o qui y grèvent nos matières premières, la maison Chapal fonde une succursale à Brooklyn, près New-York, pour la couperie de poils. Cet établissement est en pleine prospérité, et ses produits sont l'objet d'une faveur toute particulière de la part des chapelleries américaines.

Les peaux destinées à l'usine de Brooklyn sont toutes préparées en France, ce qui conserve à notre industrie nationale la part de main-d'œuvre la plus importante.

Les concurrents de la maison Chapal, établis à Paris, lui reprochent très sévèrement d'avoir ouvert une couperie aux États-Unis. Il n'existe là, suivant nous, qu'une conception étroite des principes de liberté qui doivent régir toutes conceptions commerciales ou industrielles, et de fait la maison Chapal, qui reste un établissement essentiellement français, en Amérique comme à Paris, n'a fait qu'empêcher les Américains et les Allemands établis aux États-Unis de s'immiscer dans une affaire qui menaçait d'échapper plus complètement encore à l'industrie parisienne.

Au point de vue des exportateurs de poil de France et d'un certain nombre de coupeurs, nous ne pouvons que regretter de voir des couperies s'établir aux États-Unis; mais puisque les Américains, les Anglais et les Allemands étaient déjà entrés dans cette voie, nous ne pouvons que féliciter la maison française qui la première, dans cet article, a eu le courage et l'initiative de créer une couperie française à New-York.

Il est certain que si cette maison reste en progrès comme tout le fait prévoir, le jury de la prochaine Exposition devra les consacrer en accordant un grand prix bien mérité à MM. L. Chapal frères et Cie.

M. Jean Brossel, à Paris.

Fait exclusivement la coupe du poil pour la chapellerie. En raison de sa bonne fabrication et de sa régularité, sa marque fait prime sur le marché des États-Unis comme à Paris.

M. J. Brossel est fils de ses œuvres, et l'on peut dire à son éloge que, s'il a commencé sans rien absolument, il donne, par le résultat auquel il est arrivé dans la vie, l'exemple de ce que l'on peut réaliser en France par l'honnêteté, le travail acharné et l'économie joints au bon sens qui caractérise notre race et notre pays.

M. J. Brossel commence comme ramasseur de peaux de lapins; en 1848, il fait 5,000 à 6,000 peaux par an. En 1872, il avait déjà économisé un capital suffisant pour opérer sur 1,200,000 peaux.

En 1878, de marchand de peaux il devient fabricant de matières premières pour la chapellerie, et ramasse pour cette industrie de 2 millions à 2,500,000 peaux par an.

En 1889, M. J. Brossel expose pour la première fois; malgré cela, le jury a été unanime à lui accorder une médaille d'or.

MM. Lafrique et Pellissier, à Paris.

Maison fondée en 1850 sous la raison sociale Pellissier, pour la couperie du poil pour la chapellerie.

En 1876, elle adjoint à cette industrie celle de l'apprêtage et du lustrage des peaux de lapins. A cette époque, elle produit 5,000 douzaines de peaux lustrées par an.

Les recherches n'ont pas porté uniquement sur la préparation et la teinture des peaux de lapins, mais encore sur l'apprêt et le lustrage des fourrures fines, contribuant ainsi à affranchir notre industrie des façons partielles pour lesquelles jusqu'ici nous étions tributaires de l'Allemagne et de l'Angleterre.

M. A. Lesage, à Paris.

Maison fondée en 1808 par François Guillaume pour la couperie du poil pour la chapellerie. En 1867, M. Lesage devient le gendre et l'associé de M. Guillaume. En 1872, il prend la suite et continue seul la maison.

En 1881, il se rend à New-York pour y installer une maison de vente pour ses produits.

A l'Exposition de Paris de 1867, la raison sociale Guillaume et fils et Lesage obtient une médaille d'argent. A l'Exposition de 1878, la maison A. Lesage obtient une médaille d'or. M. A. Lesage est un homme de progrès, et s'est dans ces derniers temps occupé d'introduire dans sa fabrication le procédé de secrétage sans mercure du docteur Dargelos.

M. J.-B. Randu et fils, à Lyon.

Cette maison fondée en 1770 s'est transmise de père en fils et est la plus importante de France et peut-être du monde pour la teinturerie des fourrures. Sa spécialité porte sur la teinture noire et les étrangers, l'Allemagne et l'Amérique surtout, sont tributaires de cette usine qui teint en moyenne 5 millions de peaux par an. En 1878, la maison Randu obtenait la médaille d'argent; sa marche toujours ascendante nous a fait lui accorder cette fois-ci la médaille d'or à l'unanimité.

M. Ulysse Déon, à Sens (Yonne).

Maison fondée en 1839. A commencé par faire le ramassage des peaux et chiffons sur une très grande échelle, de là est devenue apprêteur de peaux dites *argentées* ou *lapins riches*, et a fait de très grosses affaires dans cet article. En même temps elle montait des machines à couper le poil pour la chapellerie. Puis se rendant compte que par sa situation à Sens elle se trouvait bien placée pour faire à meilleur marché qu'à Paris l'apprêtage et le lustrage, elle abordait ce genre d'industrie. Poursuivant continuellement ses études, M. Déon se rendait en Belgique et y étudiait les procédés de fabrication de ce pays qui menaçait si sérieusement notre industrie. Muni de ces renseignements, il importe chez lui cette fabrication belge et applique à son outillage une série de perfectionnements très importants. En 1878, la maison Déon produisait 5,000 douzaines de lapins en apprêt nature ou argentés; en 1888, ce chiffre monte à 50,000 douzaines de lapins argentés et lustrés. Cette maison contribue donc largement aussi au relèvement de cette industrie en France. De tous les coupeurs et lustreurs, M. Déon est celui qui s'est le plus préoccupé des questions d'hygiène pour ses ouvriers et ouvrières qui sont, malgré l'introduction de machines, au nombre de 150.

M. U. Déon nous a également soumis des peaux de lapins tannées pour la chaussure. Les résultats obtenus sont parfaits; mais il nous a semblé que cette utilisation ne pourrait pratiquement être donnée à un choix de peaux de lapins que lorsque celles-ci sont à un cours bas ou que les veaux cirés sont à des cours très élevés. L'application demande cependant à être signalée. En 1878, M. U. Déon obtenait la médaille d'argent. En 1888, à l'occasion du concours national départemental, la Chambre de commerce de l'Yonne a donné un diplôme d'honneur avec médaille d'or à l'industriel le plus méritant du département : cette récompense a été décernée à M. U. Déon.

MM. Girodias père et fils, à Paris.

Maison fondée à Lyon par Chapal en 1832 pour le lustrage de lapins ou fourrures, transportée à Montreuil-sous-Bois, près Paris, par Girodias, en 1866. Pendant longtemps la maison Girodias a été seule à lustrer à façon les peaux des apprêteurs de Paris; devant la concurrence croissante elle a fait de grands efforts pour conserver sa place. En 1877, Girodias obtenait la médaille d'argent et en 1878 la médaille d'or.

M. Paul Goulard aîné, à Nîmes.

Peaux de moutons de Valachie pour housses, colliers et tapis. Maison fondée en 1852. La spécialité est la peau de mouton longues mèches teinte en bleu de cuve (indigo foncé); elle fournit des quantités importantes de cet article aux compagnies de chemin de fer. On peut dire que la maison Goulard est la seule sérieuse dans cette branche. En 1878, elle exposait pour la première fois et obtenait une médaille d'argent.

M. Gustave Pinède, à Bayonne.

Apprêteur de pelleteries et peaux d'agneaux. Maison fondée en 1866. A dû créer son industrie de toutes pièces et former sa main-d'œuvre dans une région où elle était complètement inconnue. La fabrication porte spécialement sur l'agneau d'Espagne et de Buenos-Ayres pour la doublure des gants et des vêtements, ainsi que sur les peaux de moutons bon marché pour doublures de chaussures et de galoches.

En 1878, la maison Pinède obtenait la médaille d'argent.

M. E. Block, à Gendbrugge (Belgique).

Apprêteur-lustreur en pelleteries. Maison fondée en 1865, faisant l'apprêt et la teinture des peaux de lapins avec et sans impression, ainsi que les imitations de fourrures. Comme la maison Jules Kœnigswerther, de Melle-les-Gand, elle revendique l'invention du lapin teint dit *neige*. Son chiffre d'affaires qu'elle dit être de 3 millions indique assez la rude concurrence qu'elle fai ait à nos appréteurs-lustreurs avant que ceux-ci se soient décidés à réaliser les progrès devenus indispensables dans leur industrie. La maison Block a obtenu de nombreuses et hautes récompenses dans un grand nombre d'expositions. M. Block est chevalier de l'ordre de Léopold.

M. Jules Koenigswerther, à Melle-les-Gand (Belgique).

Apprêteur-lustreur. Maison fondée en 1870 sous la raison sociale de Charles Zurée et Cie dont M. Kœnigswerther était l'associé commanditaire. Elle obtenait en 1878 à Paris la médaille d'or, à Amsterdam en 1883 le diplôme d'honneur ainsi qu'à Anvers en 1885; mais ce dernier sous la raison sociale Charles Zurée et Kœnigswerther. Depuis lors, M. Kœnigswerther est devenu le seul propriétaire de l'affaire et travaille sous son nom seul. Comme la maison E. Block, celle-ci fait des affaires très importantes et compte également parmi celles qui ont fait la plus dure concurrence à nos apprêteurs-lustreurs français. Outre l'apprêt et la teinture des lapins, Jules Kœnigswerther apprête et teint sur une très vaste échelle les lièvres blancs de Russie, dont il nous dit avoir fabriqué l'an dernier 150,000 peaux. Cette maison teint également les renards blancs de Sibérie avec succès, mais sa spécialité principale porte surtout sur l'article lapin teint dit *neige*, dont, comme nous l'avons déjà dit, elle se dispute l'invention avec la maison E. Block. M. J. Kœnigswerther est venu se fixer à Paris depuis 1888 dans l'intention d'y monter une usine.

MÉDAILLE D'ARGENT.

MM. Barnoncel *et* Billaud, à Paris.

Maison fondée en 1860 sous la raison sociale Billaud frères et Cie.

A cette époque elle ne faisait que la teinture du lapin : marron demi-foncé; pointe noire fond marron; clair, imitation martre; rasé, pointe noire fond jaune.

Le chiffre des peaux teintes s'élevait alors à environ 150,000 peaux par an.

En 1867, la maison prend la raison sociale Barnoncel et Billaud.

A partir de cette année jusqu'en 1872, sa fabrication atteint le chiffre de 350,000 peaux par an.

La découverte d'un procédé à teindre la peau en noir fond noir lui permet d'être pendant une période de trois ans la seule à faire cet article et de porter son chiffre d'affaires à 500,000 peaux par an.

En 1880, le résultat de ses recherches la met à même de teindre : le castor façon loutre; la marmotte façon loutre; l'opossum d'Australie; l'opossum d'Amérique façonl outre; le rat musqué d'Amérique façon loutre; le lièvre de Russie marron foncé; le lapin marron foncé; le lapin éjarré imitation ca tor; le lapin rasé imitation loutre.

Enfin en 1884 elle trouve le procédé de teinture de la loutre. Ce travail qui jusqu'alors n'avait pu être réalisé en France par aucune maison offrait de grandes difficultés; elle est arrivée non seulement à les vaincre, mais encore à produire une teinture supérieure aux teintures anglaises.

Aujourd'hui le nombre de peaux teintes dans ses ateliers s'élève à environ 1 million par an.

De tous les teinturiers-lustreurs, c'est incontestablement la maison Barnoncel et Billaud qui a réalisé les plus grands progrès en France depuis 1878, aussi avons-nous tenu à faire une exception en sa faveur en la mentionnant ici, quoiqu'elle n'ait obtenu qu'une médaille d'argent.

PEAUX BRUTES POUR TANNERIE.

Les peaux brutes pour tannerie figurent à nos importations pour 188 millions et à notre exportation pour 76 millions de francs. Ces chiffres marquent l'exceptionnelle importance de notre fabrication de peaux, fabrication supérieure de beaucoup à celle des autres pays et montrant à quel point nos provenances (les peaux de l'abat de Paris notamment) sont recherchées par les tanneries étrangères.

Cette spécialité cependant n'a donné lieu qu'à une exposition insignifiante. Le catalogue de notre classe mentionnait différents échantillons de peaux brutes pour tannerie. Notre jury avait d'abord voulu se dessaisir de leur examen et les avait renvoyés à la classe 47, des cuirs et peaux. Au dernier moment, le jury de groupe nous attribua définitivement ces produits; soumis à un examen rapide, ils motivèrent l'attribution d'une médaille d'or et de trois mentions honorables, dont une de ces dernières au Sénégal, les deux autres à l'Uruguay et la médaille d'or au Brésil.

Les notes recueillies au cours de nos visites nous permettent d'affirmer que l'affectation de la peau brute à la classe 43 nous aurait permis d'accorder de très hautes récompenses à la République Argentine, au Chili et à d'autres pays encore.

L'insuffisance de cette exposition est due à l'incertitude de la classification au catalogue et aux hésitations des divers comités d'installation. Il importe que, plus tard, ces incidents regrettables ne se reproduisent pas et que la section des peaux brutes devienne une partie importante de la classe 43. Tant au point de vue agricole qu'au point de vue industriel, une exposition méthodique et raisonnée de ces produits présenterait, outre l'attrait de la nouveauté, le plus sérieux intérêt économique.

Il en ressortirait une démonstration plus complète de ce que l'on a pu induire des chiffres du commerce général que nous avons donnés plus haut : le régime de la protection douanière serait incontestablement funeste à cette branche de notre industrie. La statistique, en effet, nous prouve, à la fois, que les industries étrangères sont forcées de venir nous emprunter certains de nos produits naturels et que nous-mêmes, ne rencontrant pas dans la production nationale des matières similaires à celles que nous sommes habitués à mettre en œuvre, nous sommes obligés de recourir aux matières premières de l'étranger. La liberté complète des échanges est donc seule capable d'assurer notre prospérité et nous devons protester hautement contre toutes les entraves qu'on méditerait d'y apporter.

IMPRIMERIE NATIONALE

TABLEAU DES EXPOSANTS PAR NATIONALITÉ.

Nombre d'exposants inscrits.. 7
Nombre d'exposants récompensés.. 4

PAYS.	COLLABORATEURS.	HORS CONCOURS.	GRANDS PRIX.	MÉDAILLES D'OR.	MÉDAILLES D'ARGENT.	MÉDAILLES DE BRONZE.	MENTIONS HONORABLES.	NON RÉCOMPENSÉS.	PAS ARRIVÉS, PAS JUGÉS.	RENVOYÉS À D'AUTRES CLASSES.	RETIRÉS.	NOMBRE des EXPOSANTS par NATIONALITÉ — INSCRITS.	NOMBRE des EXPOSANTS par NATIONALITÉ — RÉCOMPENSÉS.
Sénégal	//	//	//	//	//	1	//	//	//	//	//	1	1
République Argentine	//	//	//	//	//	//	//	//	1	1	//	2	//
Brésil	//	//	//	1	//	//	//	//	//	//	//	1	1
Norvège	//	//	//	//	//	//	//	//	//	1	//	1	//
Uruguay	//	//	//	//	//	2	//	//	//	//	//	2	2
Totaux	//	//	//	1	//	3	//	//	1	2	//	7	4

LISTE DES EXPOSANTS.

Noirot	Peaux diverses	Sénégal.
Boris frères	Peaux	Brésil.
Caprerio	Cuirs de vaches et bœufs salés	Uruguay.
Comité de l'Exposition	Cuirs de vaches et bœufs salés	Uruguay.

LISTE DES RÉCOMPENSES.

MÉDAILLE D'OR.

MM. Boris frères, à Ceara (Brésil).

Maison française d'exportation établie depuis dix-neuf ans, la plus importante de la province; elle a contribué puissamment au développement du commerce de l'Amazonie et de la province de Ceara. Elle a fait des sacrifices d'argent considérables pour permettre à cette partie du Brésil de participer à l'Exposition. Ses exportations, dirigées sur le Havre, Liverpool et quelque peu sur l'Amérique du Nord, portent spécialement sur les peaux de chèvres et sur les caoutchoucs.

PLUMES.

Les bêtes à plumes méritent, au point de vue économique, une attention presque aussi grande que les bêtes à poils. Elles aussi, en petit nombre, il est vrai, sont matière à fourrures : les cygnes blancs et noirs, l'oie que l'industrie lui substitue le plus souvent et qui, apprêtée dans le Poitou, fournit une peau souple et blanche, le grèbe, etc., donnent des palatines, manchons, tours de cou, garnitures de robes. Quant aux plumes, elles constituent une des branches les plus importantes de la mode dans leur application à la parure des femmes, soit sous la forme de plumes séparées, soit sous celle de dépouilles d'oiseaux. Les plumes et duvets employés pour la literie et par le tapissier sont une matière indispensable à notre vie domestique.

Parmi les plumes de mode, celles d'autruche sont les plus utilisées, et elles nous arrêteront particulièrement. Mais nous ne pouvons négliger de mentionner ici, comme nous l'avons fait pour les bêtes à poils, la riche nomenclature des oiseaux qui sont mis en œuvre et contribuent à la richesse de nos industries. Les oiseaux de paradis éblouissants que nous envoie l'Océanie; le marabout du Sénégal et du Soudan, aux plumes blanches ou grises, dont le duvet est si soyeux; l'aigrette ou héron blanc de la Sibérie et de la Guyane, dont les plumes souples et effilées ornent si fièrement les coiffures féminines et paradent sur les shakos de nos colonels; le casoar de l'archipel Indien, aux plumes légères, grises, blanches ou brunes; le paon, l'ibis, le pélican, le faisan doré, la dinde, le coq, le vautour, cette autruche bâtarde que nous envoient les pampas de l'Amérique du Sud et de la Patagonie et dont les plumes constituent un produit moins employé pour la parure sous forme de panaches que pour la confection des plumeaux légers, toutes ces matières alimentent une branche très considérable de notre industrie de luxe.

Disons ici que la récolte des plumes est une opération cruelle. La plume, en effet, pour garder dans tout leur éclat ses couleurs et ses reflets, doit être vivante, et c'est sur le pauvre oiseau vivant que doit être arraché l'ornement dont s'embellissent nos femmes.

La France est le principal marché de la plume façonnée et Paris est presque exclusivement le siège de sa fabrication. Nos ouvriers seuls connaissent l'art de donner le bel apprêt et de plier la plume à l'usage qu'on lui demande. Comme c'est à Paris que se fait la mode, c'est Paris seul qui donne leur valeur aux plumes de parure. Le prix de la matière brute, surtout pour les espèces les plus précieuses, est donc exposé à toutes les fluctuations de la mode, cette reine capricieuse dont les arrêts sont souverains, mais non pas sans appel, et qui se plaît tous les huit ou dix ans à changer et à reprendre ses anciens favoris.

L'industrie de la plume emploie près de 5,000 ouvriers et ouvrières et représente un mouvement d'affaires de plus de 15 millions.

Nous allons examiner successivement les plumes d'autruche, les dépouilles d'oiseaux pour parures, les plumes et duvets pour literie.

PLUMES D'AUTRUCHES.

L'autruche, ce grand échassier coureur, que les anciens affublèrent du nom d'*oiseau chameau* et qui est parmi les oiseaux d'ici-bas le seul qui urine, est un animal particulier à l'Afrique. Il s'est répandu en Orient jusqu'au Gange — l'autruche de Syrie donne des produits exceptionnellement estimés — mais son vrai domaine est le pays immense que forment le désert de Lybie et celui du Sahara. A l'importance de son exploitation on pourra juger du prix que nous devons attacher, pour cet objet particulier, à la domination que nous avons récemment acquise sur les régions qui, des frontières du Maroc et de la Tunisie, s'étendent jusqu'au Niger moyen pour se relier à nos possessions du Sénégal. Là, nous saisissons l'autruche dans son nid et nous trouverons toutes les ressources pour, à l'imitation de certaines peuplades soudanaises et de l'empereur du Maroc, qui cultive les garnitures de ses éventails, domestiquer cette farouche bête dont les plumes sont si précieuses. Comme nous le verrons, et grâce à l'emploi de l'incubation artificielle, l'autruche est susceptible d'être exploitée comme une vache l'est pour son lait, une jument pour ses produits.

Bien que l'on accorde une valeur plus grande aux plumes de l'autruche sauvage, nous avons trouvé le procédé industriel qui assure aux plumes de l'autruche apprivoisée une qualité excellente et difficile à distinguer des autres. Aussi le problème se pose d'assurer à la France, au détriment de nos triomphants concurrents du cap de Bonne-Espérance, le monopole de jeter sur le marché la plus grande partie de ce produit. Un élevage intelligent dans les oasis du désert soudanais, qui confinent au pays des Touaregs et à Tombouctou, pourrait nous permettre d'aboutir à ce résultat. Notre devoir est d'y consacrer nos efforts. C'est un Français, le directeur du jardin botanique d'Alger, qui, en 1856, a eu le mérite des premiers essais d'élevage de l'autruche. Nous avions donné l'idée et les Anglais en ont profité. Cela nous arrive souvent.

Voici l'histoire tout à fait merveilleuse de l'autruche domestique au Cap, dont le climat est très apte, à coup sûr, à l'entreprise mais qui ne vaut pas notre Soudan. En 1864, un fermier s'empare de deux autruches sauvages, les enferme dans un enclos et les apprivoise. Deux fois l'an, à huit mois d'intervalle, elles livrent à l'arrachage leurs belles plumes d'aile et de queue. Mais en même temps quatre couvées de dix à quinze poussins peuplent l'enclos. Le Cap possédait en 1865 quatre-vingts autruches domestiques qui ne représentaient à l'exportation que 60 kilogrammes, contre 8,500 kilogrammes de plumes sauvages.

En 1869, M. Douglas, de Hatherton, introduit l'incubation artificielle des œufs.

En 1870 l'exportation a atteint 15,000 kilogrammes pour 2,300,000 francs. En 1875, le Cap compte 21,751 autruches produisant pour 7,500,000 francs de plumes; en 1880, le produit est de 22 millions de francs, en 1882 de 27 millions de francs.

Le prix des autruches atteignait 5,000 francs la paire et les couples à plumages supérieurs se vendaient jusqu'à 25,000 francs, les poussins de quelques jours trouvant preneurs à 250 francs.

En 1886, on estimait la population autruchière à 150,000 individus représentant une valeur de plus de 200 millions de francs.

Les moyennes de prix de la plume par kilogramme ont été pour 1865 de 220 fr., pour 1875 de 330 francs, pour 1878 de 400 francs.

Voici, car tous ces chiffres méritent d'être médités, le tableau de progression des produits du Cap.

1858	840 kilogr.	317,000 francs.
1868	7,347	1,580,000
1878	36,900	14,800,000
1880	74,000	22,100,000
1882	115,433	27,350,000

De 1883 à 1887 le produit en quantités ne cesse de croître, mais l'abondance des offres fait baisser la valeur successivement de 23 millions à 9,140,000 francs.

La statistique révèle, en résumé, qu'en trente ans le Cap a produit 1,150,000 kilogrammes pour une valeur de plus de 250 millions, jetant à lui seul sur le marché plus que la Barbarie, le Maroc et l'Égypte.

Cette prospérité inouïe devait provoquer des imitateurs. Ils se présentèrent en 1878 à la fois en Algérie et en Égypte.

En Algérie, un groupe de négociants parisiens créa, dans les environs d'Alger, à Aïn Marmora, une grande ferme d'autruches, mais après divers incidents, l'opération ne réussit pas. Sol trop humide, terrains de parcours trop restreints à cause du prix trop élevé du sol, bref, l'élevage des autruches trahit les espérances qu'on poursuivait. Les frais généraux nécessités par cette tentative mettaient le prix des plumes à un taux qui ne pouvait lutter avec celui de la plume sauvage et de la plume du Cap.

Ces mécomptes ne doivent pas refroidir notre esprit d'entreprise. La réussite qui a manqué sur le versant méditerranéen de l'Atlas nous sourirait sans doute sur le versant saharien, dans ces oasis qu'enveloppent les sables du désert, où les terrains de parcours n'ont pas de valeur, où, enfin, l'autruche se retrouverait dans son climat d'origine.

L'importance énorme de cet élevage nous paraît digne d'attirer l'attention du Gouvernement; ne pense-t-il pas qu'il y a là, dans un pays neuf, où l'initiative privée se heurte encore à tant d'obstacles, matière à protection et à encouragement, et que les primes que la métropole accorde aux animaux français devraient, à juste titre, récompenser aussi les efforts d'élevage de l'autruche saharienne?

En Égypte, une autre entreprise d'élevage de l'autruche a été tentée dans la ferme de Matariel, près du Caire. Les débuts, au point de vue de l'expérience physiologique, furent tout à fait satisfaisants. Mais l'exagération des frais nécessités par l'achat des terrains, les constructions, la culture du bersim et des oignons pour la nourriture des petits, coïncidant avec l'avilissement du prix de la plume, découragea les chefs de l'entreprise, qui avait englouti le capital engagé. Il n'y a là qu'une infortune commerciale qui ne préjuge pas la possibilité de réussir, sur le même terrain, avec des moyens plus complets.

Bornons-là nos observations sur les plumes d'autruche, en réservant nos espérances et nos appréciations sur les essais d'élevage qui sont tentés à la fois en Australie, dans la république du Transvaal et dans la République Argentine. Les deux premiers de ces pays nous ont soumis les premières récoltes de leurs autrucheries; ces échantillons sont de belle qualité et semblent promettre à prochaine échéance les résultats les plus satisfaisants, étant donnée la similitude des climats et du sol avec ceux des contrées où la domestication de l'autruche a réussi.

Nous ne croyons pas nécessaire ni utile de nous arrêter sur les manipulations industrielles qui sont mises en œuvre et qui n'ont pas révélé l'introduction de procédés nouveaux pour l'apprêt de ce produit dont l'exposition a été si brillante.

DÉPOUILLES D'OISEAUX POUR PARURES ET MODES.

NATURALISATION.

Nous ferons rentrer ici, sous une seule rubrique, l'étude de l'exposition des dépouilles d'oiseaux pour modes et celle de la naturalisation.

Les dépouilles d'oiseaux s'entendent spécialement des peaux garnies de plumes, apprêtées sommairement par de simples dessiccations ou des bourrages de coton ou de tout autre textile; ces dépouilles sont livrées aux doigts agiles et inspirés de nos modistes qui en embellissent les coiffures.

Sous le nom de *naturalisation* (vocable que la langue commerciale a fait passer dans l'usage, sans passeport de l'Académie) se présentent les peaux d'animaux, à plumes ou à poils, auxquelles l'art des spécialistes-naturalistes a donné une préparation chimique qui conserve la pelleterie et permet de reconstituer l'animal mort avec toutes les apparences de la nature vivante. On produit ainsi ce que la langue vulgaire appelle des *animaux empaillés*.

Comme la plus grande partie des oiseaux employés à la mode sont soumis dans les pays d'origine à un apprêt aux procédés rapides et primitifs qui n'ont pour objet que d'assurer l'emploi du plumage, on voit que ces deux ordres de produits se rangent normalement dans des catégories distinctes où la naturalisation tient le premier rang en raison de l'art et de la science qui y président.

En fait, ces distinctions n'ont qu'une minime importance au point de vue de l'application industrielle et commerciale des produits, la mode étant appelée à employer indistinctement les peaux naturalisées et les autres. Aussi, dans les expositions qui nous ont été présentées, voyait-on constamment confondues les deux natures de produits, dans les vitrines aussi bien que dans les panoplies et autres dispositifs d'ornement qui encadraient certaines portes de la classe 43.

Au point de vue de l'ordre des classifications, au contraire, la distinction entre les deux genres de produits a eu un résultat regrettable pour notre exposition.

Le caractère scientifique et artistique des naturalisations a fait comprendre dans d'autres classes un assez grand nombre d'objets qui nous revenaient et qui, au détriment d'un plus bel ensemble, ont été éparpillés un peu partout. C'est ainsi, par exemple, que la maison Eloffe, qui figurait dans la classe 7, de l'enseignement technique, a dû, devant le jury supérieur, se réclamer du jury de la classe 43, comme naturaliste. C'est ainsi, encore, que notre jury a dû se transporter dans les expositions spéciales des colonies pour y retrouver des produits qu'il lui appartenait de juger par comparaison avec ceux de la classe 43, dans laquelle ils n'avaient pas été rangés.

Sous le bénéfice de ces observations, nous allons examiner ce qui nous a été présenté :

L'importation des oiseaux exotiques qui, par l'éclat de leur plumage ou par leur rareté, sont dignes de figurer parmi les plus précieux articles de mode, représente un intérêt commercial considérable. La valeur de ces oiseaux est variable suivant la rareté de la bête et la préparation donnée aux peaux. A espèces semblables, les prix diffèrent sensiblement. C'est ainsi que les oiseaux de la Colombie continuent à avoir, quant à leur mise en peau, un aspect rabougri qui les fait déprécier, surtout si on les compare à ceux des Guyanes si bien en forme et si soignés.

Les Guyanes, elles-mêmes, ont dû céder le pas aux préparations du Japon qui ont une incontestable supériorité, tant pour la main-d'œuvre que pour les prix qui sont d'un bon marché extraordinaire.

Le Japon importe actuellement des millions de peaux d'oiseaux préparés dans les espèces communes, de la grosseur d'un moineau jusqu'à celle du merle, au prix, rendues à Paris, de 0 fr. 12 à 0 fr. 20 pièce. Les commandes affluent et sont très encourageantes pour la destruction des volatiles japonais. Elle aura, sans doute, pour conséquence, bientôt peut-être, d'obliger ces farouches destructeurs à ajouter à tous les emprunts qu'ils ont déjà faits à la vieille Europe celui de ses lois protectrices des petits oiseaux

Le Vénézuéla, le Nicaragua, le Guatemala, l'Équateur, le Paraguay, la plupart des Républiques américaines du centre et du sud nous ont montré, à côté des autres produits de leurs pays, des séries éblouissantes d'oiseaux-mouches, aux couleurs rutilantes et métalliques, des fleurs et des parures faites avec les plumes détachées ou même les peaux entières de ces merveilleuses petites bêtes. La consommation qu'en fait la mode européenne est considérable et représente une importation annuelle de plusieurs millions d'oiseaux. La France les façonne, mais le marché de Londres les vend.

Nous avons encore remarqué les collections très intéressantes, envoyées par le Transvaal et par nos colonies. Elles étaient présentées, pour le Gabon-Congo, par

Leona Pecqueur; pour la Guadeloupe, par Guillot et par le Musée L'Herminier; pour les Indes françaises, par Rolland de Kersang; pour Mayotte et Nossi-Bé, par E. Raoul et le comte Louis Jouffroy d'Abbans, représentant le Service local; pour l'Annam et le Tonkin, par Gobert jeune.

Bon nombre de pays étrangers avaient chargé des naturalistes parisiens de préparer les spécimens qu'ils avaient apportés pour l'exposition. Cette transformation avait été tout à l'avantage de leur apparence, mais ne nous permettait plus de juger les produits tels que ces pays peuvent les offrir directement au commerce.

Parmi les naturalisations, citons les plus remarquables :

La Nouvelle-Zélande exposait deux exemplaires de l'apterix et de l'owenii, oiseaux sans ailes.

Le Transvaal présentait une collection assez complète de ses mammifères, entre autre l'oryctérops, le curieux fourmilier du sud de l'Afrique.

M. Sanz de Diégo, de Madrid, a exposé une collection fort complète d'insectes et de reptiles, de la péninsule Ibérique et de l'Amérique du Sud.

Les préparations d'animaux ont révélé un réel progrès artistique. Nos spécialistes tenaient la tête pour le fini du travail; plusieurs d'entre eux ont puisé dans leur métier la vocation nouvelle de sculpteurs-animaliers. C'est ainsi que nous avons vu un groupe de lions de la grande maison Deyrolle, dont l'étude des muscles, reproduite en plâtre, avait figuré au Salon de sculpture de 1888. Il n'est donc pas surprenant que ces préparations diffèrent du tout au tout des anciens bourrages d'autrefois et prennent l'aspect d'une œuvre sérieuse représentant fidèlement et avec goût la nature au même titre que la sculpture.

La collection des oiseaux rapaces de M. Alléon montrait des attitudes bien étudiées et d'une réalité saisissante.

MM. Brandt et Brunn, de Norvège, avaient exposé toute une collection de grands animaux de leurs pays, élans, rennes, phoques, loups, renards, fort bien préparés, puis une série d'oiseaux aquatiques disposés dans un paysage polaire et qui ornait agréablement le fond de leur exposition.

La Russie avait ajouté à son importante exposition de fourrures des animaux préparés avec beaucoup de soin, sinon beaucoup d'art. Quelques-uns ne manquaient pas d'originalité : des renards, des loups, des ours étaient devenus porte-parapluies, tabourets, supports de plateaux, etc.

Les cadres de nature morte restent une industrie toute française, et la maison Bémer et Hervé seule en exposait de très artistement préparés.

N'omettons pas de signaler la petite vitrine de M. Jules Exibard, de Nice, dont les préparations et naturalisations de poissons et d'oiseaux d'eau ont été très remarquées par le jury.

La fabrication des yeux artificiels et celle des têtes en carton pour le montage des tapis n'avaient d'exposants que dans la section française. Si les autres pays n'ignorent pas cette spécialité industrielle, nous n'avons pas lieu de craindre leur concurrence, car nos émailleurs ont une renommée universelle.

Londres et Amsterdam ont été jusqu'ici les principaux marchés d'importation des dépouilles d'oiseaux et des plumes brutes. Arriverons-nous, grâce à l'exploitation intelligente de nos colonies, riches de produits de cette espèce, à faire bénéficier le marché français d'un mouvement d'affaires qui est fort important? Nous le désirons sans en être assurés, mais c'est une question qui mérite d'être discutée, et nous le ferons tout à l'heure à l'occasion de l'exposition et de l'initiative prise par la maison I. et O. G. Pierson.

Deux de nos exposants seulement se sont présentés comme importateurs de dépouilles d'oiseaux : MM. Gobert et Pierson.

M. Gobert jeune nous a présenté un lot fort intéressant de produits de l'Annam et du Tonkin. Avec l'attache de la Société d'encouragement pour le commerce français d'exportation, M. Gobert, qui est naturaliste, est parti il y a quelques années pour le Tonkin, dans le but de s'y livrer à la chasse, au ramassage et à la préparation des oiseaux de notre nouvelle colonie. Il a fort bien réussi dans cette entreprise pleine de dangers et contribué pour sa part à la mise en valeur de ce pays plein d'avenir. S'il n'a pu nous fournir sur la récolte des oiseaux et sur l'importance de leur chasse des renseignements suffisants pour nous permettre d'apprécier les ressources qu'en peut attendre l'industrie française, nous n'en saurions être surpris. Sa tentative est toute récente et s'est produite au milieu d'une situation encore troublée. Qu'il nous suffise de savoir qu'il y a là un champ fort intéressant à exploiter : nous remplissons un devoir en le signalant.

MM. Pierson nous ont présenté l'importation directe chez nous des produits des colonies hollandaises, en nous fournissant des renseignements très complets sur les particularités de leur négoce. Ces Messieurs, qui dirigent une maison jeune, active, respectable, récemment fondée en France, ont eu l'occasion d'étudier le marché d'Amsterdam avant d'installer chez nous, leur pays d'origine, le siège de leurs affaires. Ils exploitent avec intelligence une région nettement délimitée qui s'étend sur les Moluques, la Nouvelle-Guinée et la côte orientale d'Australie, région en dehors de laquelle les oiseaux ne se rencontrent pas. Les principaux marchés en sont Ternate, Macassar et Singapore. C'est à Ternate qu'est le siège des chasseurs qui, sur des voiliers ou des vapeurs, explorent les îles de l'Archipel. A leur chasse personnelle s'ajoutent les trocs qu'ils font avec les indigènes contre des couteaux, tissus, ferblanteries, etc. Les échanges ne sont pas commodes, et si la confiance et l'amitié étaient, autant que l'intérêt, l'âme du commerce, nous ne verrions guère d'oiseaux d'Océanie. Quand les Papouins des côtes de la Nouvelle-Guinée abordent les vaisseaux de nos chasseurs, qui se tiennent armés et sur leurs gardes, les marchandises à troquer sont déposées au milieu du pont; si l'échange convient, chacun se saisit de la contre-partie qui lui est offerte.

Les oiseaux livrés sont, en général, bien nettoyés et vidés. Ils se préparent de deux façons : en peaux rondes, comprenant la tête et l'intérieur, bourrées d'un produit textile; en peaux plates, c'est-à-dire vides et aplaties ou montées sur un bâton.

Le commerce des plumes attribue un prix plus élevé aux peaux rondes, parce que la tête a plus de valeur et qu'une fois aplatie elle se remonte très difficilement.

La circumnavigation de chasse dure deux ou trois mois. Au retour à Ternate, les marchandises y trouvent acquéreurs ou bien sont expédiées soit directement en Europe, soit au marché intermédiaire de Singapore.

La fabrication à Paris achète les dépouilles d'oiseaux aux négociants de plumes en gros qui, seuls jusqu'ici, se sont mis en relation avec les importateurs. Depuis longtemps, ce commerce se trouvait, comme nous l'avons dit, concentré à Londres et à Amsterdam. Dans ces dernières années, la maison Pierson a réussi à amener directement ses marchandises à Paris et y a trouvé, de même que nos marchands en gros, un réel avantage. Les marchés de Londres et d'Amsterdam offrent toujours, en effet, en vente publique, ce qui obligeait nos acheteurs à de gros frais de déplacement pour acquérir un produit qui, par sa nature, n'est pas un article de vente publique.

Certaines espèces d'oiseaux étaient apportées sur le marché par petits lots de vingt à trente pièces dont la rareté et, par conséquent, la valeur attiraient les offres de la clientèle riche. Quand ces mêmes oiseaux arrivaient plus tard en plus grande quantité, les prix diminuaient d'autant plus que les ventes publiques faisaient connaître l'importance des lots à adjuger. Afin d'obvier aux conséquences de la baisse qui résultait de gros arrivages, les importateurs anglais et hollandais avaient l'habitude de disséminer les lots entre les divers pays, de manière à conserver le plus longtemps possible aux dépouilles d'oiseaux la valeur élevée fixée par la vente des premiers lots restreints.

Ces procédés de négoce constituaient un grand désavantage pour notre fabrication, qui est la plus grande consommatrice des oiseaux d'Océanie. L'importation directe que réalise la maison Pierson mettra les approvisionnements à la disposition de nos fabricants dans des conditions bien meilleures, tout en laissant à l'importateur ses légitimes bénéfices.

Remarquons, en outre, que les importateurs à Amsterdam ne vendent que par l'intermédiaire de courtiers et ne facturent qu'à des commissionnaires établis en Hollande. Ces deux intermédiaires grevaient le prix du produit du salaire de leur entremise; ils disparaissent avec l'importation directe à Paris, qui a lieu sans droits d'entrée.

La situation, grâce à l'initiative de la maison Pierson, se présente donc dans des conditions bien meilleures pour notre industrie, qui peut lutter avec avantage.

Mais il faudrait que les difficultés que l'introduction de ce système a présentées pour l'importateur direct ne soient pas aggravées par les anciennes habitudes du négoce parisien, qui, devant un produit apporté sur sa place, a trop tendance à proposer des prix avilis, dans la croyance ou l'espérance que la vente en sera forcée à tout prix. Préférerait-il donc l'aléa des ventes publiques à l'étranger, avec la quasi-certitude d'acheter plus cher que les prix raisonnablement rémunérateurs que l'importateur était venu lui proposer?

Nous pensons qu'une courte expérience fera apprécier à notre fabrication les sérieux avantages des facilités nouvelles qui leur sont aujourd'hui offertes à Paris.

PLUMES ET DUVETS.

Matières premières indispensables à la literie depuis la plus rustique jusqu'à la plus fine, les plumes et les duvets nous sont fournis par un grand nombre d'oiseaux domestiques et sauvages : canards, poules, jeunes corbeaux, hiboux, chouettes, oies, cygnes et eiders. Les duvets sont ces plumes fines et déliées que recouvrent les plumes ordinaires et qui constituent le premier vêtement de la peau des oiseaux. Les plus recherchés sont les duvets de cygne et de l'eider; ce dernier surtout, genre de canard, atteint un prix très élevé; il rembourre nos édredons ou couvrepieds et leur assure une légèreté et une chaleur précieuses. L'eider, qui habite les contrées glaciales du Groënland et de l'Islande, niche sur les terres baignées par la mer, fait son nid de fucus et le garnit du duvet léger, soyeux et élastique qui revêt son ventre. A chaque couvée, le mâle, de son duvet blanc, la femelle, de son duvet gris, recouvrent les œufs des plumes qu'ils s'arrachent et qui les garantissent contre la gelée. C'est la récolte de ces nids qui nous chauffe. Mais, avant de l'employer, ce produit exige une épuration soigneuse de tous les détritus des nids dont il est mélangé et qui lui communiquent une odeur forte et persistante.

Les plumes et duvets s'emploient, en général, dans les pays de production; la France, l'Autriche, l'Allemagne, la Hollande se sont acquis une spécialité pour leur préparation et y trouvent la source d'un commerce important. La Bohême est un marché considérable pour l'exportation des plumes d'oie qu'elle élève en troupeaux nombreux.

En France, la consommation des plumes et duvets, à peu près stationnaire pour les besoins intérieurs, semble augmenter pour l'exportation. Plusieurs de nos maisons visent avec succès à alimenter les marchés étrangers dont ils ont étudié avec intelligence les besoins. C'est ainsi qu'une importation considérable et régulière se fait en Allemagne, Norvège, Danemark, Hollande, Angleterre, Italie et Amérique. La faveur qui accueille nos produits est due aux soins minutieux, au parfait conditionnement de nos livraisons; il importe que nous ne négligions aucun effort pour conserver ces marchés et y développer nos relations.

Le perfectionnement de notre outillage d'épuration des plumes et duvets a eu pour première conséquence la fermeture de nos places à l'importation des produits épurés de l'étranger, produits d'une qualité inférieure aux nôtres mais qui se présentaient sous l'apparence engageante d'une bonne épuration.

Nous n'avons plus rien à redouter; nos lavage et époussetage sont devenus parfaits et défient la concurrence.

TABLEAU DES EXPOSANTS PAR NATIONALITÉ.

Nombre d'exposants inscrits 108
Nombre d'exposants récompensés 81

PAYS.	COLLABORATEURS.	HORS CONCOURS.	GRANDS PRIX.	MÉDAILLES D'OR.	MÉDAILLES D'ARGENT.	MÉDAILLES DE BRONZE.	MENTIONS HONORABLES.	NON RÉCOMPENSÉS.	PAS ARRIVÉS, PAS JUGÉS.	RENVOYÉS À D'AUTRES CLASSES.	RETIRÉS.	NOMBRE des EXPOSANTS par NATIONALITÉ	
												INSCRITS.	RÉCOMPENSÉS.
France	//	//	//	1	6	10	//	//	//	1	2	20	17
Colonies	//	//	//	//	5	6	8	6	2	1	1	29	19
République Argentine	//	//	//	1	1	2	1	1	//	//	//	6	5
Belgique	//	//	//	//	//	1	1	//	//	//	//	2	2
Bolivie	//	//	//	//	//	//	//	//	1	//	//	1	//
Brésil	//	//	//	//	//	//	//	//	1	//	//	1	//
Cap de Bonne-Espérance	//	//	1	2	1	//	//	//	//	//	//	4	4
Chili	//	//	//	//	//	//	1	//	//	//	//	1	1
Colombie	//	//	//	//	//	2	//	//	//	//	1	3	2
République Dominicaine	//	//	//	//	//	//	//	//	//	1	//	1	//
Égypte	//	//	//	//	//	1	//	//	//	//	//	1	1
Équateur	//	//	//	//	1	//	1	//	//	//	//	2	2
Espagne	//	//	//	//	//	1	//	//	//	//	//	1	1
États-Unis	//	//	//	//	//	1	//	//	//	//	//	1	1
Guatemala	//	3	1	//	//	//	//	1	//	//	//	5	1
Japon	//	//	//	//	//	2	//	//	//	//	//	2	2
Nicaragua	//	//	//	//	//	1	6	//	//	//	//	7	7
Norvège	//	//	//	//	//	//	//	//	1	//	//	1	//
Nouvelle-Zélande	//	//	//	//	//	//	2	//	//	//	//	2	2
Paraguay	//	//	//	1	//	//	//	//	//	//	//	1	1
Pays-Bas	//	//	//	//	//	//	1	//	//	//	//	1	1
Portugal	//	//	//	//	//	1	1	//	//	//	//	2	2
Russie	//	//	//	//	//	1	//	//	//	//	//	1	1
Salvador	//	//	//	//	//	//	//	//	//	//	1	1	//
République Sud-Africaine	//	//	//	1	//	//	//	//	//	//	//	1	1
Uruguay	//	//	//	//	1	1	//	//	1	//	1	4	2
Vénézuéla	//	//	//	//	//	3	1	//	1	//	//	5	4
Victoria	//	//	//	1	1	//	//	//	//	//	//	2	2
TOTAUX	//	3	2	7	16	33	23	8	7	3	6	108	81

LISTE DES EXPOSANTS.

Amédée Alléon	Oiseaux empaillés	France.
Bémer et Hervé	Médaillons d'oiseaux, nature morte, trophée de chasse	France.
J. Caubère et Cie	Plumes et duvets pour literie	France.
Émile Deyrolle	Naturaliste	France.
Jules Exibard	Préparateur-naturaliste	France.
L.-A. Fagart	Naturaliste	France.
Greuillet-Ballargeaux	Peaux d'oie, plumes et duvets	France.
J.-A.-F. Lautz	Fourreur, têtes plastiques	France.
L.-G. Lefebvre et Soyez	Plumes pour cure-dents, brosserie et parure	France.
Aug. Letho	Yeux artificiels, naturaliste	France.
C. Levy et J. Willard	Plumes et duvets pour literie	France.
Marthe Machet	Fleurs en plumes d'oiseaux	France.
E. Meunier fils	Yeux en émail	France.
Moutarde Daniel	Yeux artificiels	France.
L. Percepied	Plumes pour cure-dents, brosserie et parure	France.
J.-J.-Henri Tart	Plumes et duvets	France.
Veuve Od. Wagner	Yeux artificiels	France.
Administration indigène de Bousaada.	Poissons et reptiles empaillés	Algérie.
Demarchi et fils	Œufs d'autruche	Algérie.
L. Detaillancourt	Tapis et animaux montés	Algérie.
Mlle M. Febvre	Oiseaux, fourrures, fleurs en plumes	Algérie.
Jardin d'essai du Hamma	Élevage d'autruches, dépouilles et plumes.	Algérie.
Laurent Sass	Naturaliste	Algérie.
Viol et Duflot	Élevage d'autruches, dépouilles et plumes.	Algérie.
Guillot	Collection d'histoire naturelle	Guadeloupe.
Musée l'Herminier	Collection d'oiseaux	Guadeloupe.
Rolland de Kersang	Collection d'oiseaux des colonies	Inde française.
E. Raoul et Jouffroy d'Abbans	Oiseaux et poissons de mer	Kerguelen.
Service local	Oiseaux naturalisés	Mayotte.
Service local	Oiseaux en peau, peaux de chat-tigre	Nossi-Bé.
J.-F. Jacquelin	Œufs d'épiornis	Réunion.
A. Aumont	Plumes d'autruche	Sénégal.
Comité central de Saint-Louis	Trophées et produits du pays	Sénégal.
Gobert	Peaux d'oiseaux	Annam-Tonkin.
Marius Blanc	Oiseaux des lacs	Tunisie.
Comité de l'Exposition	Produits de la chasse	Tunisie.
Docteur Frenzel	Collection de reptiles et d'oiseaux	Rép. Argentine.
Nouguier et F. Legluetti	Plumes d'autruche	Rép. Argentine.
Alexandre Roca	Plumes d'autruche	Rép. Argentine.
Rodriguez	Peaux et plumes de cygnes	Rép. Argentine.

J. Videla	Plumes d'autruche	Rép. Argentine.
Aug. Delattre	Naturaliste	Belgique.
Louis Michels	Naturaliste	Belgique.
Gouvernement du Cap	Plumes d'autruche	Cap de Bne-Espér.
Hilton-Barber	Plumes brutes d'élevage	Cap de Bne-Espér.
W. C. Hobson senior	Plumes brutes d'élevage	Cap de Bne-Espér.
P. and P. Rabie	Plumes brutes d'élevage	Cap de Bne-Espér.
Josefa Pugar y Lobos	Couverture en plumes d'oiseaux	Chili.
Santa Maria	Collection d'insectes	Colombie.
Paolo Triana	Collection d'oiseaux-mouches	Colombie.
Dervieu	Ferme d'autruches, plumes de son élevage.	Égypte.
Commission coopérative d'Ambota	Oiseaux empaillés	Équateur.
Madrid	Collection de papillons	Équateur.
M. Sanz de Diego	Collection d'insectes et de reptiles	Espagne.
H. E. Davidson	Poissons naturalisés	États-Unis.
Ministerio de Fomento	Collection d'histoire naturelle	Guatemala.
Ministère de l'agriculture et du commerce	Collection d'oiseaux sauvages	Japon.
Heijiro Yamamoto	Collection d'oiseaux	Japon.
Ed. Chambers	Collection de papillons	Nicaragua.
Diocletiano Chaves	Collection d'oiseaux	Nicaragua.
Joaquim Paez	Collection d'oiseaux	Nicaragua.
P. Hignio Cuadra	Collection d'insectes	Nicaragua.
Berta Ganivet	Collection d'insectes	Nicaragua.
Emilio Gutierriez	Collection d'insectes	Nicaragua.
Abdon Morales	Reptiles	Nicaragua.
H. E. Liardet	Collection d'oiseaux	Nouvelle-Zélande.
Sir R. G. W. Herbert	Collection d'oiseaux	Nouvelle-Zélande.
Gouvernement de la République	Collection d'oiseaux, palmipèdes, reptiles, poissons, mollusques	Paraguay.
A. A. Bruijn	Collection de papillons	Pays-Bas.
Association industrielle portugaise	Dents de baleine	Portugal.
J. C. Serra	Mâchoire de baleine	Portugal.
Société des amateurs d'aviculture	Collection d'oiseaux empaillés	Russie.
Gouvernement de la République	Plumes d'autruche, oiseaux et peaux	R. Sud-Africaine.
Ambrosio Sapello	Plumes d'autruche d'élevage	Uruguay.
Léopold Villeneuve	Plumes de nandous	Uruguay.
Salomon Briceno	Collection d'oiseaux	Vénézuéla.
Commission de Zulia	Collection d'histoire naturelle	Vénézuéla.
Medina	Collection d'oiseaux	Vénézuéla.
Rojas hermanos	Collection d'insectes	Vénézuéla.
Gouvernement de Victoria	Collection d'histoire naturelle	Victoria.
C. M. Officer et Cie	Plumes d'autruche d'élevage	Victoria.

Les exposants qui suivent ont été récompensés dans d'autres catégories ressortissant à la classe 43.

Exposition permanente	Gorilles, singes, oiseaux en peau	Colonies.
Leona Pecqueur	Naturalisation	Gabon-Congo.
Planté	Chasse et pêche	Cambodge.
Commission auxiliaire de San Luis	Plumes	Rép. Argentine.
Gouvernement de Tierra del Fuego	Collection ornithologique	Rép. Argentine.
Froilan Juarez	Plumes d'autruche	Rép. Argentine.
José Medina	Plumes d'autruche	Rép. Argentine.
Paul Bébin	Plumes	Bolivie.
H. Daza	Plumes	Bolivie.
Carl Brandt	Animaux et oiseaux empaillés	Norvège.
J. N. Bruun	Animaux et oiseaux empaillés	Norvège.
J. et O. G. Pierson	Oiseaux empaillés	Pays-Bas.
Musée colonial	Collection d'animaux	Portugal.
Commission des Andes	Oiseaux et insectes	Vénézuéla.

LISTE DES RÉCOMPENSES.

GRANDS PRIX.

Ministerio de Fomento, à Guatemala.

Collection d'histoire naturelle. — Œuvre d'une longue patience et qui est certainement une des plus complètes que nous ayons rencontrées durant nos visites. Elle porte du reste sur un article fondamental d'exportation de ce pays. La variété considérable des beautés du plumage des oiseaux est et a toujours été d'un très grand secours pour notre industrie de peintres et de plumassiers en France. Entre autres cette collection comprend 750 peaux de trochylidées, oiseaux-mouches, parfaitement classées et distinctes, 12 boîtes vitrées d'insectes coléoptères du Guatemala. Elle a été classée par notre collègue, M. A. Boucard, qui a habité le Guatemala pendant de longues années. Les oiseaux ont été montés par un autre de nos compatriotes, M. Anatole Maingonnat. Des chiffres précis sur l'exportation générale de ces oiseaux et de l'exportation plus particulièrement vers la France n'ont pu nous être fournis jusqu'à ce jour. Nous sommes cependant assez compétents dans la matière pour dire qu'il est rare de trouver une œuvre aussi complète faite par un Ministère pour faire connaître les ressources d'un pays.

Gouvernement du Cap de Bonne-Espérance.

Grand prix pour son exposition générale de plumes d'autruches d'élevage. Cette industrie fondée en 1864 a été encouragée d'une façon toute spéciale par le gouvernement du Cap.

En 1865 l'exportation des plumes d'autruche était de 1,600,000 francs, en 1870 elle monte à 2,300,000 francs et en 1875 elle s'élève à 7,500,000 francs. Il y avait à cette époque 21,751 autruches domestiques. En 1880 l'exportation se monte à 22 millions de francs et en 1882 elle passe à 27 millions de francs. Par suite d'épidémie et de baisse de prix provoquée par le changement de mode ce chiffre tombe en 1884 à 3 millions de francs. Le Gouvernement et les éleveurs ne se découragent point, refont leurs troupeaux, et en 1886 la statistique accuse de nouveau 150,000 autruches représentant un capital de 200 millions de francs. La mode étant revenue à la plume les chiffres d'exportation reprennent leur importance antérieure.

MÉDAILLES D'OR.

M. Émile Deyrolle, à Paris.

La maison Deyrolle a été fondée en 1836 par le grand-père du directeur actuel, Émile Deyrolle, qui lui-même a actuellement comme chefs de service quatre de ses enfants et alliés; elle occupe actuellement vingt-deux employés et soixante ouvriers environ; le magasin, situé rue du Bac, 46, comprend trois étages où sont disposées méthodiquement des collections d'histoire naturelle comprenant de très nombreux spécimens des trois règnes de la nature, puis des pièces d'anatomie humaine, vétérinaire, botanique et de tous les ordres d'animaux destinés à l'enseignement supérieur et secondaire.

Les ateliers de la maison sont installés à Auteuil; ils représentent une surface d'environ 1,200 mètres carrés : c'est une véritable usine où se trouvent réunis tous les corps de métiers qui doivent concourir à l'exécution des travaux de cette maison; nous citerons les principaux :

Préparateurs, taxidermistes, ostéologistes et anatomistes, mouleurs, coloristes, dessinateurs, serruriers, tourneurs, menuisiers, imprimeurs, mécaniciens, etc. Douze machines-outils y sont actionnées par une machine à vapeur de 25 chevaux.

Les travaux les plus importants du directeur actuel sont :

1° Les tableaux d'histoire naturelle pour l'enseignement secondaire qui ont été adoptés par la Commission des sciences naturelles près le Ministère de l'instruction publique;

2° Le musée scolaire Émile Deyrolle, véritable modèle d'enseignement par les yeux, composé de 110 tableaux avec 700 échantillons naturels qui viennent très heureusement rendre pour ainsi dire tangible l'enseignement qu'ils comportent. Le succès de cet ouvrage a été tel qu'actuellement l'auteur et éditeur en a vendu plus de 50,000 exemplaires; il y a donc autant d'écoles qui font de l'histoire naturelle d'après cette méthode.

M. E. Deyrolle est aussi le fondateur du journal *l'Acclimatation* qui a été une innovation dans la presse en ce qu'il fomente de très nombreuses transactions entre ses abonnés en publiant gratuitement leurs annonces rentrant dans son cadre.

Le Naturaliste est une publication scientifique du même auteur qui en est à sa neuvième année d'existence et s'est acquis une place honorable dans la presse scientifique.

La maison Deyrolle, qui doit revenir aux enfants du directeur actuel, est sans doute la plus importante du monde dans ce genre; elle donne l'exemple d'un commerçant travailleur qui a su développer ses affaires d'une façon considérable sans aller chercher dans des combinaisons étrangères à son commerce un gain aléatoire trop souvent illusoire.

En 1878 la maison E. Deyrolle avait déjà obtenu la médaille d'or; il nous semble qu'elle aurait aisément obtenu cette fois-ci une récompense supérieure si l'on avait tenu compte de l'ensemble de ses expositions éparpillées sur un aussi grand nombre de classes. Mais le jury supérieur seul avait pouvoir de prendre une semblable détermination.

Gouvernement de la République du Paraguay, à Assomption.

Collection créée par le musée d'Assomption et composée de tous les oiseaux, palmipèdes, reptiles, poissons et mollusques du pays. Nous pouvons comparer cette collection, par le soin qui y a été apporté, à celle de notre musée colonial, et c'est sous cette impression que notre jury lui a accordé la médaille d'or.

Gouvernement de Victoria (Australie).

Comme le précédent, le gouvernement de Victoria, en dehors de ses exposants particuliers, a tenu à nous soumettre une collection d'histoire naturelle composée de tous les oiseaux dont le plumage pourrait être utilisé par nos industriels français dits *plumassiers*. Cette collection complète est particulièrement bien présentée.

M. Hilton Barber, à Halesowen-Bradok (Cap de Bonne-Espérance).

L'un des plus grands éleveurs de la colonie.

Expose une collection de plumes femelles, plumes grises premier choix, plumes queues mâles, plumes bayoque, plumes blanches, plumes noires longues et plumes noires.

Toutes proviennent de ses fermes et sont remarquables par leur qualité.

MM. P. and P. Rabie, à Worcester (Cap de Bonne-Espérance).

Également l'un des premiers éleveurs de la colonie.

Nous présente des plumes noires, des plumes blanches extra, des plumes noires longues, remarquables par leur beauté et faisant ressortir les soins dont sont entourés les oiseaux de cette ferme.

Gouvernement de la République Sud-Africaine, à Prétoria.

Nous présente une collection très intéressante d'oiseaux et une très grande vitrine de plumes d'autruches.

Ces dernières sont de bonne qualité quoique provenant d'autruches sauvages, aussi est-il probable que, devant la poussée générale qui se fait vers la pénétration industrielle et commerciale de ces pays, les éleveurs trouveront là un nouveau champ d'action pour la production de cet oiseau si recherché. La République Sud-Africaine a fait un très grand effort en venant à notre Exposition, elle nous a donné à examiner des choses extrêmement intéressantes, aussi souhaitons-nous que nos commerçants en aient profité au cours de leurs visites. Pour notre part nous avons été heureux de consacrer cet effort pour l'ensemble des produits de la classe 43 en lui accordant une médaille d'or.

MM. Nouguier et F. Legluetti, à Buenos-Ayres.

Plumes d'autruches. L'autruche dans la République Argentine n'existe encore qu'à l'état sauvage.

Ces Messieurs ont obtenu du Gouvernement un privilège pour l'exploitation de la chasse de l'autruche et du nandou. Ils exploitent ce privilège avec beaucoup d'intelligence, donnent un développement sérieux à leur entreprise et font des efforts pour provoquer l'établissement de fermes d'autruches dans la République.

IMPRIMERIE NATIONALE.

CRINS ET SOIES DE PORC.

CRINS.

L'industrie des crins de cheval ou de bœuf intéresse un grand nombre de métiers. Crêpé ou frisé, le crin est employé par les tapissiers, matelassiers, carrossiers et bourreliers. Le crin plat, dont on fabrique les tamis, les cribles, les pinceaux, les étoffes, est aussi mis en œuvre par les luthiers, boutonniers, perruquiers, cordiers qui en font des longes de chevaux, passementiers.

Des fabriques d'étoffes de crin ont été créées à Paris au début du siècle et y ont répandu la mode du tissu de crin pour meuble. Cette vogue passagère avait repris de plus belle il y a trente ans, mais s'appliquait alors aux garnitures de dessous, aux crinolines de majestueuse mémoire. Aujourd'hui l'étoffe de crin est délaissée, mais elle attend sa résurrection, prochaine peut-être.

Industrie française. — La préparation du crin frisé est une industrie très ancienne en France. Elle s'y est pratiquée dans les grandes villes et surtout à Paris, qui a, de tout temps, offert des ouvriers habiles et aptes au tour de main que nécessite le filage du crin.

La méthode finale de cette préparation, qui n'a pas encore reçu une application mécanique satisfaisante, s'opère actuellement dans les mêmes conditions qu'autrefois, et l'industrie étrangère, belge, italienne ou allemande, qui vend ses produits en France, a dû procéder par les mêmes moyens employés chez nous, en venant à Paris et dans le Nord chercher les principes de sa fabrication.

Jusqu'aux traités de commerce de 1860, la préparation du crin frisé en France était dans les mains d'un assez grand nombre de petits fabricants. Paris en entretenait 8 ou 10, Lille, 2; Bordeaux, 3; Niort, 2; Metz, 3; Marseille, 1; Lyon, 2, etc., sans compter les cordiers de province qui tordaient le crin sans le nettoyer.

Industrie belge. — Mais depuis l'année 1863, le marché de Paris, qui consomme une grande quantité de crin frisé, a commencé à être alimenté par la fabrication belge, à qui la différence de main-d'œuvre, inférieure au prix de revient de la fabrication française, malgré les tarifs de douane, permettait d'entrer en concurrence avec nous. La production belge s'est accrue progressivement, et compte aujourd'hui 5 ou 6 établissements qui ont à Paris des relations suivies et font un chiffre d'affaires très important.

Industrie italienne. — A la concurrence belge est venue s'ajouter, dans une proportion inquiétante, celle d'une fabrication italienne, qui, depuis quatre années, profitant des progrès réalisés dans cette industrie, a fait grands efforts et sacrifices pour écouler ses produits sur le marché parisien et est parvenue à rivaliser avec la production belge et française.

Industrie anglaise et américaine. — La fabrication anglaise et américaine n'a pas réussi à vendre chez nous son crin frisé, parce que la préparation en est différente pour le filage.

A la suite de plusieurs essais d'importation de New-York et de Philadelphie, qui lui ont laissé des pertes, la concurrence américaine a renoncé à faire des envois qui, du reste, ne répondaient pas aux besoins de la consommation française.

L'industrie française rencontre donc sur son propre marché une concurrence très soutenue de la part des fabricants de pays limitrophes, et comme elle n'exporte pas dans ces pays, il est certain qu'elle n'a pris qu'un faible développement depuis une dizaine d'années.

On peut admettre que la consommation française est aujourd'hui alimentée pour moitié par l'étranger, car plusieurs maisons de Niort, de Lille ont cessé de produire et renoncé à la lutte. L'Exposition de 1889 ne compte plus qu'un seul industriel français exposant faisant spécialement cet article, tandis que celle de 1867 en avait trois et celle de 1878 deux.

Les traités de commerce de 1860, qui n'ont subi aucune modification dans les tarifs relatifs au crin, sauf en ce qui concerne l'Italie, ont été la cause de cette réduction du nombre d'industriels français. L'emploi du crin frisé étant en somme assez limité, la concurrence continue sur les offres de cet article et la rivalité entre producteurs étrangers voisins a forcément amené des difficultés aux producteurs indigènes malgré la *surtaxe d'entrepôt* appliquée au crin brut préparé ou frisé.

Cette taxe de 3 fr. 60 les 100 kilogrammes n'est pas d'une application logique et raisonnée, parce qu'elle n'admet aucune distinction entre le crin brut et le crin préparé. Or le déchet de fabrication ou de préparation est d'environ 20 p. 100, de sorte que si l'industriel étranger fait entrer en France 100 kilogrammes de marchandise fabriquée en acquittant le tarif de 3 fr. 60, le fabricant français, obligé aujourd'hui d'acheter sur les marchés étrangers, paye aussi 3 fr. 60, mais ne peut disposer à la vente que de 80 kilogrammes. Il se trouve donc en défaveur de 20 p. 100 sur la valeur des droits d'entrée; il eût été plus équitable d'établir une différence entre la matière brute et la matière préparée.

D'autre part, au point de vue de la nationalité de la marchandise, le tarif général dispense du droit de 3 fr. 60 les crins importés d'ailleurs que des pays de production. C'est là un vrai non-sens puisqu'il favorise l'étranger dont la main-d'œuvre est à meilleur marché; s'il est possible la plupart du temps de vérifier l'origine du crin brut, il est presque impossible de constater celle du crin frisé, parce qu'il se présente ordinairement dans un état de mélange, même pour le crin pur.

C'est pourquoi les experts en douane ne manquent jamais de faire appliquer sur toute espèce de crin frisé le tarif de 3 fr. 60, qu'il soit mélangé ou non de soies de porc ou de végétal, le tout étant considéré comme sujet à la taxe. Et ils sont parfaitement dans le vrai en dépit des réclamations des industriels étrangers qui, jusqu'en 1872, ont réussi, par suite de fausses déclarations d'origine, à éviter de payer sur toutes leurs introductions de crin frisé dont l'origine était généralement de la Plata.

Importations de la Plata. — Si nous examinons le relevé des importations en crin brut venant du principal marché de l'univers, c'est-à-dire de l'Amérique du Sud, nous avons des preuves évidentes que la situation de ce côté n'est ni progressive ni favorable aux intérêts français, mais qu'au contraire elle a profité dans de très grandes proportions au marché d'Anvers au détriment du Havre.

Voici l'appréciation actuelle des courtiers et négociants du Havre avec une statistique sur les importations en crins bruts de la Plata, en soies de porc de l'Amérique du Nord et en itzles du Mexique, c'est-à-dire des principaux éléments de la fabrication du crin frisé.

Marché du Havre. — Avant 1870, nos importations étaient considérables et se chiffraient annuellement par 2,500 à 3,000 balles.

Notre marché était alors le premier du monde pour cet article, et les acheteurs étrangers, américains, suisses, belges, etc., venaient souvent s'y approvisionner.

Nos statistiques remontent à 1873.

En voici le détail :

	Balles.		Balles.
1873	1,382	1881	1,379
1874	1,426	1882	572
1875	1,727	1883	692
1876	1,338	1884	441
1877	1,420	1885	422
1878	1,193	1886	334
1879	1,795	1887	251
1880	1,499	1888	446

Pendant cette période de quinze années, nos ventes ont presque constamment suivi les arrivages ne laissant à chaque fin d'année qu'un stock modéré et nécessaire aux besoins courants.

La décroissance a commencé en 1870; beaucoup de marchandises détournées de nos ports au moment de la guerre ont dû alors prendre d'autres directions. Pour les crins, particulièrement, l'ancien état de choses n'a pu être rétabli malgré les efforts tentés dans ce sens, comme le démontrent les chiffres d'importation de 1873 à 1881, atteignant une moyenne de 1,500 balles.

Ces chiffres, déjà bien inférieurs à ce qu'ils étaient avant 1870, ne se sont pas maintenus et nous avons le regret de constater que notre marché a aujourd'hui complètement perdu la suprématie qu'il exerçait il y a vingt ans.

Les crins, dont la plus grande partie s'importait autrefois par la voie du Havre, sont dirigés maintenant sur Anvers, Hambourg, Liverpool et New-York, qui avaient été longtemps tributaires de notre marché.

De ces différents ports, Anvers est celui qui a le plus profité; étant déjà le centre d'une fabrication importante et possédant, dès cette époque, un notable mouvement d'affaires en cet article, il a pu mieux que ses concurrents conserver l'augmentation dont il a bénéficié en 1870. Il y a lieu d'ajouter que les négociants belges et allemands de cette place ont été puissamment aidés dans la lutte par une situation géographique favorable et surtout par la modicité des prix de transport qui ne permettent plus aujourd'hui au Havre d'expédier au N.-E. de la France, aux provinces rhénanes et à la Suisse qui, autrefois, faisaient partie de notre clientèle.

La seule compensation qu'il y ait à signaler sur cette diminution de notre importation en France a été l'apparition d'entrées un moment assez suivies à Bordeaux. Cette compensation est cependant loin de balancer les pertes que nous avons subies. On a même essayé et l'on continue encore de tenter sur cette dernière place la création d'un nouveau marché français, mais nous ne pensons pas (et ceci en dehors de tout intérêt local) qu'il puisse être établi à Bordeaux un marché vraiment prépondérant ou réellement important.

En voici les raisons.

Les crins dont la production est limitée ne sauraient comporter sans inconvénient l'existence de deux marchés dans le même pays, ce qui n'a lieu nulle part; il s'ensuit que le Havre continuera à recevoir quelque peu de marchandises; cet ancien marché, quoique bien appauvri, et le nouveau, très incertain encore, ne pourront que se faire une concurrence rendant les opérations difficiles et peu fructueuses sur les deux places, et ceci au grand avantage d'Anvers qui se soutient.

Nous avons déjà dit qu'Anvers se trouvait favorablement placé pour ses communications avec l'Europe centrale; vu la modicité de ses tarifs de transports, ce n'était pas trop de la position avantageuse du Havre pour lutter contre le grand port belge; nous ne pensons pas que Bordeaux puisse présenter les mêmes avantages; nos moyens de communication par mer, si développés depuis la loi sur la marine marchande, mais encore insuffisants, nous ont au contraire permis maintes fois de concurrencer Anvers avec succès par les voies de cabotage.

En ce qui concerne les États-Unis, où l'industrie du crin a pris depuis vingt ans un accroissement si considérable, les importations directes dans ce pays ne suffisent pas toujours à ses besoins, et les Américains se trouvent obligés de venir s'approvisionner en Europe. De ce côté encore, nos relations avec New-York placent le Havre dans une excellente situation, et il est incontestable que Bordeaux n'offre pas les mêmes facilités.

Itzles du Mexique. — Les arrivages au Havre pendant ces dix dernières années ont été de :

	Balles.		Balles.
1880	2,058	1885	2,823
1881	2,158	1886	1,146
1882	4,883	1887	989
1883	3,090	1888	1,156
1884	2,490		

Les trois dernières années montrent une grande diminution dans les importations.

Cet état est dû à la création de lignes de steamers allemands partant des ports du Mexique, touchant au Havre et terminant leur voyage à Hambourg. Cette concurrence fait grand tort aux lignes de voiliers français existant entre le Havre et le Mexique. Les Hambourgeois ont pu, en effet, importer directement des itzles que, faute de moyens de transports, ils venaient jadis demander à notre marché. Il faut reconnaître qu'il n'y a là rien que de logique et conforme au progrès général, bien que les conséquences en soient défavorables à notre marché.

Par les steamers, les chargeurs ont aussi la faculté de laisser la marchandise dans l'un des ports où le navire doit toucher, mais le bénéfice de cette mesure intéresse peu les ports intermédiaires où l'option doit être déclarée dans un temps limité.

Dans la pratique, c'est le dernier port d'arrivée, dans l'espèce Hambourg, qui se trouve le plus favorisé.

Malgré cela, plusieurs maisons du Havre restent en relations suivies avec le Mexique, ce qui nous permet d'espérer que les importations directes pour notre port seront suffisantes pour alimenter l'industrie française. Cependant, nous sommes forcé de reconnaître que depuis quelques années l'industrie du filage de ce végétal à Strasbourg et en Allemagne fait une concurrence désastreuse à l'industrie française qui ne peut la suivre sur ce terrain.

Marché de Bordeaux. — Le marché de Bordeaux, qui ne faisait qu'une importation très restreinte et pour ainsi dire sans importance des crins de la Plata, au point que jusqu'en 1882 les courtiers n'établissaient aucune statistique, a pris, depuis, une extension qui paraît aujourd'hui s'arrêter. Cette extension a été provoquée par la facilité qu'ont eue les maisons d'importation de faire venir à Bordeaux leurs marchandises, au lieu de les diriger sur le Havre, où elles les mettaient en consignation; car une grande partie des arrivages au Havre étaient pour le compte de maisons bordelaises qui ont toujours eu des relations suivies avec la Plata, et qui, à la suite de la création de services à vapeur, ont préféré recevoir directement leurs importations.

Voici le relevé du mouvement des crins bruts de la Plata à Bordeaux, pendant les sept dernières années :

ANNÉES.	CHEVAL.	BOEUF.	TOTAL.
1882	584	144	728
1883	1,074	114	1,188
1884	562	191	753
1885	419	204	623
1886	892	197	1,089
1887	288	48	336
1888	228	58	286

Il n'existe donc pas de mouvement régulier d'importation sur cette place, et la réduction des deux dernières années justifie complètement les considérations du commerce havrais.

Marché de Marseille. — Pour cette place, dont les moyens de communication ne sont favorables qu'aux industriels de Marseille, de Lyon et d'Italie, nous n'avons pas de renseignements précis.

Les importations de la Plata doivent s'élever, en moyenne, à une centaine de balles qui suivent les cours des autres marchés.

Marché d'Anvers. — Quant à la prépondérance actuelle que nous signalons en faveur du marché d'Anvers, elle est justifiée par le tableau suivant relevé de 1872 à 1888 :

	Balles.		Balles.
1872	2,100	1881	1,693
1873	2,429	1882	1,348
1874	2,852	1883	1,666
1875	2,526	1884	2,108
1876	2,301	1885	1,962
1877	2,967	1886	1,954
1878	2,518	1887	2,254
1879	2,260	1888	2,286
1880	2,521		

Ce marché, où les fabricants de tous les pays, même de l'Amérique du Nord, trouvent toujours un approvisionnement considérable, est donc le principal du continent, et il y a tout lieu de croire qu'il gardera longtemps sa suprématie.

Marché anglais. — Les marchés de Liverpool, Londres et Glascow sont le siège d'une importation assez suivie, mais particulière aux intérêts anglais. Depuis longtemps, l'industriel français ne donne plus d'ordres en Angleterre pour les crins bruts, parce qu'il y a trop de frais de commission, de cabotage et de surtaxe d'entrepôt. De ce côté, il n'y a rien qui intéresse le commerce français, aussi bien en crin brut qu'en crin frisé ou préparé.

Crins bruts d'origine française. — A la suite et comme complément de toutes ces importations d'origine étrangère, il convient de faire aussi entrer en ligne de compte la production du crin brut recueilli en France.

Cette production a suivi une marche régulière et progressive parce que cet article, ayant une valeur moyenne de 3 francs le kilogramme, mérite la peine d'être ramassé avec soin.

Il est impossible d'établir une statistique sur l'ensemble des échanges en crins du pays, qui se traitent de gré à gré entre le vendeur et l'acheteur, en dehors de tout marché ou vente publique. On peut évaluer au moins à 400,000 kilogrammes la quantité de crin brut de cheval, bœuf ou vache et mulet que les fabricants de crin frisé et les apprêteurs pour la brosserie et le crin long de tissus trouvent à acheter chaque année, principalement en Bretagne.

C'est donc un assez fort appoint qui s'ajoute à l'importation étrangère, et qui jouit d'une certaine faveur, car les fabricants belges et italiens achètent assez souvent nos crins bruts du pays.

SOIES DE PORC.

Les poils de porc, communément désignés sous le nom de *soies de porc* ou *de sanglier*, constituent la principale et la meilleure matière première pour la fabrication de la brosserie en tous genres, pour vêtement, toilette, appartement, écurie, peinture, etc., et pour la cordonnerie. Ces objets, de première nécessité, d'un emploi constant, exposés, dès lors, à une usure rapide, ne sont bien conditionnés qu'en poils de porc; ceux-ci offrent, en effet, une résistance très flexible et non cassante qu'on ne saurait trouver dans aucune des matières végétales employées en leur remplacement, à cause de leur bon marché, et en concurrence avec les soies dont le prix est relativement élevé.

Les soies sont recueillies, au moment où l'animal est tué, par deux procédés différents qui sont indiqués sous les dénominations commerciales de *soies échaudées* et de *soies arrachées*.

Les soies échaudées proviennent du raclage des peaux passées à l'eau chaude; elles renferment depuis les menus poils du ventre, jusqu'aux plus longs qui se trouvent sur l'échine de l'animal. Leur valeur, suivant la longueur, la force et la blancheur du produit, varie de 20 à 250 francs les 100 kilogrammes. Les soies arrachées sont les poils enlevés du dos de l'animal au moyen d'un crochet spécial. Cette qualité, qui n'est pas mélangée de menus poils du ventre, a une valeur plus élevée et qui va de 2 à 10 francs le kilogramme.

Les poils de porc sont récoltés annuellement de Noël à Pâques. Les pays du Nord fournissent les qualités les plus longues et les plus fortes, l'animal ayant la protection d'une couverture plus drue dans les pays froids. Aussi, est-ce de la Russie que nous viennent les qualités supérieures et la plus grande quantité de ces poils. Ce pays fournit à lui seul les trois quarts de la consommation européenne. Les produits russes ont pour marchés Leipzig, Francfort, Hambourg, Kœnigsberg. Ils s'y trouvent en concurrence avec une assez grande quantité de soies allemandes, mais leur sont généralement préférés.

La France, avec ses soies indigènes des deux sortes, provenant du Midi, de la Champagne et de la Bretagne, et la Belgique figurent pour une part intéressante dans la production. Par leur qualité blanche fine, ces sortes de soies sont appliquées presque exclusivement à la fabrication des brosses de toilette, à dents, à ongles, à tête, ou à celle des pinceaux fins pour peintres.

Si donc la France exporte une partie de ses produits indigènes, elle est obligée de demander à l'étranger cette matière première qui lui fait défaut pour la fabrication générale de la brosserie.

Les soies sont livrées au commerce redressées et tirées, mises par longueurs, assorties par couleurs noire, blanche et grise. La France et la Belgique préparent, pour l'exportation, une assez grande quantité de soies qu'elles ont tirées brutes des autres pays.

Dans les quantités importées en France figurent annuellement pour 20,000 à 25,000 kilogrammes de poils de porc en masse, de provenance américaine qui, de qualité commune, ne trouvent leur emploi que par le mélange avec les crins frisés pour la confection des meubles et de la literie.

Dans l'intéressante statistique sur le mouvement général du trafic des soies de porc, qui nous a été présentée par M. Déséglise, nous relevons les chiffres suivants :

		1857 à 1866.	1869.	1879.	1889.
Importation.	Poils en masse (kilogrammes).......	463,458	673,438	985,839	671,310
	Poils par longueurs (francs)........	3,257,209	5,008,592	3,757,275	3,457,529
Exportation.	Poils en masse (kilogrammes).......	141,141	267,827	185,134	339,592
	Poils par longueurs (francs)........	910,387	2,131,295	918,123	1,894,333

TABLEAU DES EXPOSANTS PAR NATIONALITÉ.

Nombre d'exposants inscrits 19
Nombre d'exposants récompensés 18

PAYS.	COLLABORATEURS.	HORS CONCOURS.	GRANDS PRIX.	MÉDAILLES D'OR.	MÉDAILLES D'ARGENT.	MÉDAILLES DE BRONZE.	MENTIONS HONORABLES.	NON RÉCOMPENSÉS.	PAS ARRIVÉS, PAS JUGÉS.	RENVOYÉS À D'AUTRES CLASSES.	RETIRÉS.	NOMBRE des EXPOSANTS par NATIONALITÉ	
												INSCRITS.	RÉCOMPENSÉS.
France	"	"	1	"	2	1	"	"	"	"	"	4	4
République Argentine	"	"	"	"	3	1	1	"	"	"	"	5	5
Belgique	"	"	"	1	1	"	1	"	"	"	"	3	3
Chili	"	"	"	"	"	"	1	"	"	"	"	1	1
Grande-Bretagne	"	"	"	"	"	"	"	"	"	1	"	1	"
Italie	"	"	"	"	1	"	"	"	"	"	"	1	1
Roumanie	"	"	"	"	1	"	"	"	"	"	"	1	1
Russie	"	"	"	1	"	"	"	"	"	"	"	1	1
Suisse	"	"	"	"	1	"	"	"	"	"	"	1	1
Uruguay	"	"	"	"	"	1	"	"	"	"	"	1	1
TOTAUX	"	"	1	2	9	3	3	"	"	1	"	19	18

LISTE DES EXPOSANTS.

CAUDRILLIER-LEFEBVRE	Soies de porc brutes et préparées	France.
CLOSTRE-RICHARD	Crin animal et végétal	France.
E. LOYER et fils et BESNUS	Crin frisé et long	France.
E. MARTIN fils	Soies de porc pour brosserie	France.
DUGGAN frères	Crins	Rép. Argentine.
Enrique KEEN	Crins	Rép. Argentine.
NUNEZ frères	Crins	Rép. Argentine.
PIARD et PERNET	Crins	Rép. Argentine.
XHARDEZ	Crins	Rép. Argentine.
HANSSENS HAP	Crins	Belgique.
Louis HORSTER	Crins pour brosserie	Belgique.
VAN DE CASTEELE DUBAR	Crin filé et tiré	Belgique.
Julio BESNARD	Crins	Chili.
C. PACCHETTI et Cie	Crins pour brosserie et tissus	Italie.
ALTER DAVID	Soies de porc	Roumanie.
A. A. SALTICOFF	Soies de porc	Russie.
J. J. SCHNYDER	Crins pour brosserie, tissus et matelas	Suisse.
COMMISSION RURALE DU GOUVERNEMENT.	Crins	Uruguay

L'exposant suivant a été récompensé dans d'autres catégories ressortissant à la classe 43.

Association rurale de Montevideo... Crins............................ Uruguay.

LISTE DES RÉCOMPENSES.

GRAND PRIX.

MM. E. Loyer et fils et Besnus, à Saint-Denis.

Maison fondée en 1819 par M. Étienne Loyer. Elle eut à surmonter de grandes difficultés par le fait de la révolution de 1830. L'année suivante la veuve et le fils succèdent au fondateur. En 1835, M. Étienne Loyer fils se trouve seul à la tête de la maison et commence à donner une certaine impulsion à la fabrication du crin. Continuant les principes d'honorabilité qu'il avait reçus de son père, il parvient à recréer un mouvement d'affaires tout en luttant contre les difficultés qui suivirent l'établissement du règne de Louis-Philippe et contre les effets de la révolution de 1848 qui arrête complètement le travail. Les années 1855 et 1860 furent assez prospères par suite de la production du crin long carré qui atteignit de très grands prix. Cette matière était destinée à la préparation des tissus de crins pour la confection des crinolines. Jusqu'à cette époque le travail se faisait exclusivement à la main. Il était dirigé par le patron lui-même travaillant au milieu de ses ouvriers et préparant en personne toutes les opérations. En 1856, M. Loyer fit l'installation d'une machine à vapeur et d'une carde peigneuse. C'était la première application mécanique à la fabrication du crin. Par là il obtint des produits plus réguliers et un travail moins pénible pour l'ouvrier. En 1863, M. Loyer s'adjoint son fils Léon Loyer et son gendre, M. Besnus. L'emplacement ne suffisant plus aux approvisionnements de matières premières la maison achète en 1865 une usine à Saint-Denis, qui dût de nouveau être agrandie. Elle occupe actuellement une superficie de 22,000 mètres. La vapeur est fournie à tout l'établissement par deux générateurs de 190 chevaux ensemble. Deux machines à vapeur d'un total de 80 chevaux donnent la force motrice à un matériel qui permet à la production journalière de s'élever à 4,000 kilogrammes. La teinture se fait dans des appareils clos ainsi que la cuisson et le fixage du crin frisé. Le lavage et le séchage s'opèrent mécaniquement. Cet ensemble constitue une amélioration sur les systèmes en usage en 1878.

Médaille d'argent en 1867, médaille d'or en 1878.

Depuis 1883, l'intervention de la concurrence italienne se fait sentir; nous avons eu l'avantage dans notre rapport général de faire ressortir plus complètement ces faits, leur cause et peut-être le remède. Dans tous les cas, malgré cette concurrence, l'importance de cette maison subsiste pleine et entière.

Le véritable chef actuel est M. Léon Loyer qui continue non seulement les saines traditions d'honneur, d'activité de ses prédécesseurs, mais aussi a su perpétuer dans son usine la vie familiale avec tout son personnel ouvrier. En fait de dispositions humanitaires, cette maison soulage ses plus anciens ouvriers par des pensions de retraites mensuelles, et en 1875 elle a fondé dans l'établissement même une école où une moyenne de vingt-cinq jeunes gens reçoit gratuitement l'instruction primaire chaque jour de travail. C'est à l'unanimité et avec une satisfaction générale que notre jury lui a donné la plus haute récompense dont nous disposions.

MEDAILLES D'OR.

M. G. Van de Casteele-Dubar, à Gand (Belgique).

Maison fondée en 1844, reprise et continuée par le titulaire actuel en 1854. Médaille de bronze à Paris en 1867. Médaille d'or à Paris en 1878. Médaille d'or à Amsterdam en 1883 et à Anvers en 1885.

Cette maison est la plus importante de la Belgique dans la branche des crins frisés et tirés pour tapissiers, carrossiers et étoffes. M. Van de Casteele-Dubar est l'inventeur d'une machine à filer et à tordre le crin animal.

M. S. A. Saltykoff, à Moscou.

Maison excessivement importante et honorable qui fait le ramassage et l'assortiment des soies de porc. La Russie fait dans cet article un chiffre d'affaires considérable, et notre brosserie pas plus que les brosseries étrangères ne peuvent se passer des soies de cette provenance. Nous avons été très heureux d'accorder une médaille d'or à la maison S. A. Saltykoff dont, outre la très grande importance, nous connaissons de longue date les principes de loyauté scrupuleuse dans ses livraisons. La marque est connue et estimée de tous. En 1878, le jury de Paris lui accordait une médaille d'argent.

CORNES POUR IMITATION DE BALEINE.

L'industrie de la corne emploie les bois ou cornes de la famille des cerfs, les cornes proprement dites ainsi que la matière de même nature qui forme le sabot.

Le produit le plus généralement employé est celui qui provient des bœufs, des vaches et surtout des buffles, produit transparent et flexible dont le grain est susceptible de recevoir un poli brillant.

La corne a la vertu de pouvoir, grâce aux soins du cornetier, se ramollir par une macération prolongée et s'étendre. Fondant à une chaleur humide, ses déchets peuvent être employés à tous les usages de la tabletterie, en moulages qui nous fournissent nos peignes communs, nos boutons, nos tabatières, les branches de nos lunettes.

Ces mêmes déchets alimentent encore nos fabriques d'engrais, d'ammoniaque, de bleu de Prusse.

Les cornes de cerf et de rhinocéros étaient autrefois fort prisées pour certaines gelées pharmaceutiques et avaient l'honneur du *Codex* : on leur attribuait le mérite d'être de précieux antidotes. Aujourd'hui on ne les voit plus figurer qu'aux manches de nos couteaux et de nos parapluies; en Orient, tout sabre ou poignard qui se respecte est garni d'une poignée en corne de rhinocéros.

L'industrie qui utilise la corne provoque une importation annuelle de 7 à 8 millions. En première ligne figurent les cornes de buffles venant d'Irlande et principalement des Indes anglaises dont l'importation est près de 4 millions de kilogrammes par an. Il y a vingt ans, le marché anglais avait le monopole de cette importation, la France n'important directement que 500 à 600 tonnes par an. Grâce aux nombreuses lignes de steamers qui ont été ouvertes depuis cette époque, les ports de France et de l'Inde sont entrés en relations directes avec un succès croissant, et, les rôles se trouvant renversés aujourd'hui, notre importation directe de buffles de l'Inde est d'environ 3 millions et demi de kilogrammes pour une valeur de près de 5 millions de francs.

Ces cornes servent presque exclusivement à la baleine de corne, expression qui semble contradictoire mais qui a passé dans l'usage par suite d'une application industrielle toute nouvelle. Il est notoire que la vraie baleine a presque complètement disparu et que le peu qu'on en importe en Europe atteint des prix tellement élevés que les industries de luxe peuvent seules en faire usage.

Grâce à une trempe prolongée dans l'eau, la corne acquiert presque toutes les qualités de la véritable baleine; par des procédés très habiles et avec un outillage coûteux comportant des machines compliquées, on est arrivé à égaliser la corne, à la rendre aussi souple et élastique que la vraie baleine et à la tailler en brins aussi effilés que les besoins de l'industrie peuvent l'exiger. Aussi, pour le corset et pour la robe comme pour tous les usages de la mercerie, la baleine de corne a entièrement remplacé la vraie baleine; il faut être bien connaisseur pour distinguer l'une de l'autre.

L'exportation de la baleine de corne, pour laquelle la France n'a presque pas de concurrents, a atteint dans ces dernières années de 6 à 7 millions de francs et tend encore à augmenter.

D'autres industries, parmi lesquelles la fabrication du peigne est la plus importante, se servent principalement des cornes de la Plata dont l'importation, dans le port du Havre seul, atteint plusieurs millions de paires. Le peigne blanc imitation d'ivoire demande sa matière première à la Hongrie, au Portugal, au Cap et à l'Australie qui fournissent une qualité de cornes supérieure à celle de l'Amérique du Sud.

La corne trouve son emploi dans la grande variété d'industries qui nous fournissent les poignées de portes et de serrures, les galets ou roulettes de meubles, les couverts à salade, les chasses de rasoirs, les côtes pour couteaux de poche, les manches pour couteaux de table, les tuyaux de pipes, les poignées de bicycles, etc.

Nous ne saurions fixer l'importance de l'exportation de ces divers objets en corne.

TABLEAU DES EXPOSANTS PAR NATIONALITÉ.

Nombre d'exposants inscrits.. 13
Nombre d'exposants récompensés..................................... 8

PAYS.	COLLABORATEURS.	HORS CONCOURS.	GRANDS PRIX.	MÉDAILLES D'OR.	MÉDAILLES D'ARGENT.	MÉDAILLES DE BRONZE.	MENTIONS HONORABLES.	NON RÉCOMPENSÉS.	PAS ARRIVÉS, PAS JUGÉS.	RENVOYÉS À D'AUTRES CLASSES.	RETIRÉS.	NOMBRE des EXPOSANTS par NATIONALITÉ	
												INSCRITS.	RÉCOMPENSÉS.
France	"	"	"	2	1	"	"	"	"	1	"	4	3
Colonies	"	"	"	"	"	1	2	1	2	"	1	7	3
Grande-Bretagne	"	"	"	"	"	"	1	"	"	"	"	1	1
Vénézuéla	"	"	"	"	"	"	1	"	"	"	"	1	1
Totaux	"	"	"	2	1	1	4	1	2	1	1	13	8

LISTE DES EXPOSANTS.

Raux, Brunnarius et Cie .... Baleines de corne brutes et préparées... France.
Paisseau frères .... Baleines de corne brutes et préparées... France.
Jules Noé .... Baleines de corne brutes et préparées... France.
Province de Phu Yen .... Cornes de buffles .... Annam-Tonkin.
Comité local .... Collection de cornes .... Cambodge.
Jeandot .... Collection de cornes .... Cambodge.
E. Bigex .... Cornes d'animaux sauvages .... Grande-Bretagne.
Commission de Cumana .... Cornes .... Vénézuéla.

Les exposants qui suivent ont été récompensés dans d'autres catégories ressortissant à la classe 43.

Exposition permanente des colonies.. Cornes .... Colonies.
Service local .... Cornes .... Cochinchine.
Comité d'exposition .... Cornes .... Inde française.
Rouzaud .... Cornes .... Sénégal.
Département de La Paz .... Cornes .... Salvador.
Leona Pecqueur .... Cornes .... Gabon-Congo.

LISTE DES RÉCOMPENSES.

MÉDAILLES D'OR.

MM. Raux, Brunnarius et Cie, à Paris.

Maison fondée en 1855 pour l'industrie de la baleine de corne occupant actuellement 260 hommes et 245 femmes. Son matériel, inventé exclusivement par M. A. Raux, représente une valeur très considérable. En 1878, elle obtenait la médaille d'argent. Elle emploie plus de 2,000 tonnes de cornes par an. Grâce au développement qu'a pris cette maison fondatrice des procédés mécaniques de cette industrie, le marché des cornes, autrefois exclusivement réservé à l'Angleterre, s'est trouvé transporté en France. En raison de son honorabilité et de l'importance qu'elle a prise, nous lui avons accordé le maximum de points pour la médaille d'or.

MM. Paisseau frères, à Paris.

Maison fondée en 1843 par Mme veuve Paisseau mère pour la fabrication de cornes brutes et préparées. Elle emploie 190 hommes et femmes et utilise 1 million de kilogrammes de cornes. Elle fabrique la baleine pour robes et corsets et fait l'aplatissage des cornes pour peignes, boutons, tabletterie, etc. La progression de son chiffre d'affaires a toujours été en s'augmentant. Quoique n'ayant obtenu en 1878 qu'une médaille de bronze, le jury a été unanime à la porter cette fois-ci pour la médaille d'or. Par son énergie, cette maison a contribué comme ses concurrents, Raux et Brunnarius, à déplacer, au profit de nos ports de mer, l'arrivage direct de ses matières premières.

IVOIRE.

L'ivoire, cette matière précieuse que l'antiquité déjà consommait avec une profusion extraordinaire et savait appliquer à sa statuaire et à son luxe, dont elle appréciait comme nous les transparences laiteuses ou verdâtres, qui traversent les âges sans s'altérer, provient des dents ou défenses de plusieurs animaux terrestres, amphibies ou marins.

L'éléphant de l'Afrique ou des Indes livre le produit le plus beau et le plus cher; l'hippopotame pourrait lutter avec lui pour la dureté et la finesse du grain, n'était la moindre application industrielle de ses dents qui sont creuses et fournissent une matière moins abondante pour les grands usages industriels; le mammouth antédiluvien que nous livrent encore les glaces éternelles de la Sibérie boréale, le morse enfin et le narval, sont les sources en apparence inépuisables où puisent nos chasseurs, nos importateurs, nos fabricants.

Mais toutes ces variétés ne sauraient le disputer en importance commerciale à l'ivoire d'éléphant dont les défenses atteignent jusqu'à 90 kilogrammes au prix de 10 à 15 francs le kilogramme.

L'ivoire est susceptible des affectations les plus variées, grâce aux procédés industriels qui ont su le rendre plastique. Une trempe dans l'alun ou le vinaigre permet de le transformer en gélatine, de le soumettre à la teinture et facilite considérablement son travail. Mais l'ivoire brut offre au ciseau et au maillet une résistance plus grande que le marbre, se débite à la scie et se polit à la râpe, au grès et à la craie.

La France a eu longtemps le monopole de la mise en œuvre de l'ivoire. Dès le XVIIe siècle, les navigateurs hardis de Dieppe qui nous ont ouvert l'accès des côtes de Guinée, d'où l'Europe tirait toute sa consommation, avaient installé à Dieppe des ivoireries, dont la renommée a été grande et qui ont transmis jusqu'à nos jours à nos ouvriers des traditions qui les ont maintenus au premier rang.

La consommation de l'ivoire ne fait que croître d'année en année; elle pourrait faire naître des craintes sur la durée d'une exploitation dont les bénéfices sont si alléchants, si la connaissance plus complète que nous avons récemment acquise de la constitution du sol de l'Afrique centrale, où règne l'éléphant, n'était de nature à diminuer nos appréhensions.

Dans la partie centrale de ce continent, arrosé par un système fluvial d'une prodigieuse étendue, sur des espaces plus grands que l'Europe, l'éléphant trouve un asile sûr dans des forêts impénétrables; on l'y rencontre en hardes, et sa reproduction n'y trouve aucune entrave. Quelle que soit l'âpreté de la conquête que nous ne faisons qu'inaugurer, la semence n'est pas près de manquer. L'abondance des ressources semble incalculable dans tout le pays qui s'étend du Nil bleu à l'Oubanghi, à l'Arouwimi et au Congo, et nous n'avons plus lieu de nous étonner des surprenants récits des premiers explorateurs de l'Afrique qui attestaient que des villages nègres se défendaient par des palissades de dents d'éléphants.

L'occupation des pays de l'Afrique orientale et occidentale, vers laquelle se précipite l'Europe, aura sans doute pour résultat de décentraliser le marché de l'ivoire; jusqu'à ces dernières années, il était apporté par les traitants arabes presque exclusivement à Zanzibar, d'où la place de Londres l'attirait à elle. Il appartient à la France de dériver ce courant à son profit. Nos lignes de paquebots, particulièrement ceux des *Chargeurs Réunis*, qui desservent les côtes d'Afrique jusqu'à l'embouchure du Congo, sauront nous assurer les bénéfices de l'importation directe; les premières tentatives ont déjà été couronnées de succès. La Belgique, qui règne au Congo indépendant, empiète de son côté sur l'ancien monopole anglais, qui est encore battu en brèche par les efforts des importateurs allemands.

A l'heure actuelle, l'importation représente environ 600 tonnes, dont 460 à Londres, 80 à Anvers et 50 en France.

La France consomme environ le quart de cette importation, pour une valeur de 3 à 4 millions de francs; il lui appartient d'augmenter sa quote-part, pour la fabrication des billes de billard, des peignes, des touches de piano, et, sans compter la sculpture, de l'infinie variété des petits articles de luxe, de marqueterie et de bimbeloterie qui sont tributaires de l'ivoire.

TABLEAU DES EXPOSANTS PAR NATIONALITÉ.

Nombre d'exposants inscrits 11

Nombre d'exposants récompensés 7

PAYS.	COLLABORATEURS.	HORS CONCOURS.	GRANDS PRIX.	MÉDAILLES D'OR.	MÉDAILLES D'ARGENT.	MÉDAILLES DE BRONZE.	MENTIONS HONORABLES.	NON RÉCOMPENSÉS.	PAS ARRIVÉS, PAS JUGÉS.	RENVOYÉS À D'AUTRES CLASSES.	RETIRÉS.	NOMBRE des EXPOSANTS par NATIONALITÉ — INSCRITS.	NOMBRE des EXPOSANTS par NATIONALITÉ — RÉCOMPENSÉS.
France	″	″	″	1	″	″	1	″	″	″	″	2	2
Colonies	″	″	″	″	″	3	″	2	″	″	1	6	3
Égypte	″	″	″	″	″	″	″	″	1	″	″	1	″
Portugal	″	″	″	1	1	″	″	″	″	″	″	2	2
TOTAUX	″	″	″	2	1	3	1	2	1	″	1	11	7

LISTE DES EXPOSANTS.

Baron DE BRIMONT	Défense de narval	France.
HÉNIN	Ivoires bruts divers	France.
DOC PHU PHONG	Têtes, mâchoires, défenses	Cochinchine.
SERVICE LOCAL	Têtes, défenses	Cochinchine.
TONG DOC TRAN BA LOC	Défenses d'éléphants	Cochinchine.
MUSÉE COLONIAL	Ivoire	Portugal.
MUSÉE INDUSTRIEL COMMERCIAL	Dents d'éléphants	Portugal.

Les exposants suivants ont été récompensés dans d'autres catégories ressortissant à la classe 43.

EXPOSITION PERMANENTE	Défenses d'éléphants	Colonies.
Leona PECQUEUR	Ivoire	Gabon-Congo.
COMITÉ D'EXPOSITION	Ivoire	Inde française
ROUZAUD	Défenses	Sénégal.
COMITÉ LOCAL	Défenses	Cambodge.
JEANDOT	Défenses	Cambodge.

IMPRIMERIE NATIONALE

LISTE DES RÉCOMPENSES.

MÉDAILLES D'OR.

M. Hénin, à Paris.

Ivoires. — M. Hénin a commencé comme simple ouvrier tourneur en 1854 et s'adjoignit plus tard la maison Loreau, fondée en 1850. Il a, par ses recherches incessantes, perfectionné l'outillage de cette industrie à tel point qu'un ouvrier peut aujourd'hui produire 50 billes de billard par jour. Il en résulte une économie sensible dans la fabrication et dans les déchets. Tributaire des ports étrangers pour ses matières premières, M. Hénin prévoit la possibilité d'augmenter son chiffre d'exportation le jour où il pourra, comme tout le fait espérer, recevoir les dents d'éléphant de nos possessions françaises d'Afrique par les ports français. Dans ces conditions, nous avons recommandé cette maison à MM. les membres du jury supérieur.

Musée colonial, à Lisbonne.

Collections d'ivoire, d'oiseaux et d'animaux divers provenant des colonies portugaises, classées avec beaucoup de méthode et de science. Les ivoires ont plus particulièrement attiré notre attention par la variété et l'importance des échantillons qui nous avaient été présentés.

MUSC, CASTORÉUM, CIVETTE, CANTHARIDES.

Bête gracieuse et farouche, de la taille d'un petit chevreuil, amie des solitudes les plus élevées des massifs montagneux qui séparent la Sibérie du Thibet, le musc ou porte-musc fournit à la parfumerie et à la thérapeutique un produit bien connu, portant le nom même du mammifère qui le secrète, le musc, à l'odeur subtile, pénétrante, tenace. Cette matière liquide est contenue dans une poche assez volumineuse, logée dans la région de l'appareil générateur du mâle et qui se remplit d'une sécrétion particulièrement abondante pendant la saison chaude. Cette liqueur a la double vertu d'être alléchante pour la femelle, qui, en suivant sa trace, rencontre son seigneur et maître, et d'être en exécration à tous les autres fauves; elle constitue donc une admirable protection pour le gracieux chevrotin.

D'autres bêtes encore fournissent une espèce de musc, comme les pécaris.

Nos espèces indigènes, blaireaux, fouines, rats musqués, certaines plantes, l'ambre gris possèdent le principe de l'odeur musquée. Pour ce même motif, la parfumerie accorde une attention particulière à la *civette* ou chat musqué d'Afrique, dont les deux poches glandulaires distillent la matière de la poudre dite *de Chypre;* la pharmacie, de son côté, estime, presque à l'égal du musc lui-même, pour combattre les accidents nerveux et spasmodiques, le *castoréum* qu'on retire des glandes que porte sous sa queue le castor de Sibérie.

Mais le musc, proprement dit, a pour la parfumerie une tout autre valeur que ces produits similaires. Aussi, la chasse du rare chevrotin est-elle ardemment suivie et quand la bête est à bas, au fusil, au chien ou au piège, toutes les précautions sont-elles prises pour se saisir de la précieuse lymphe. Une ligature rapide empêche la poche de s'épancher dans les chairs de la bête; ainsi close, elle est détachée avec un fragment de la peau et mise à sécher avant son apport sur le marché de Shangaï. Le musc s'y présente sous la forme de grains irréguliers, encore humides, d'un brun rougeâtre, d'un toucher velouteux. La vérification de la matière se fait avec une minutie extraordinaire, par des sondages répétés, car on peut bien penser que pour une chose aussi précieuse, la fraude se donne pleine carrière.

Le classement par valeur des diverses catégories se fait sous les dénominations de *piles* n° 1, n° 2, n° 3, allant du musc absolument pur, aux minces poches bleues, jusqu'aux poches dont le contenu est généralement falsifié.

La précaution qu'on apporte à ces expertises s'explique par les prix considérables qu'atteint le produit. Ainsi, une poche de daim adulte et qui renferme de 40 à 60 grammes vaut en *musc Tonkin* pur jusqu'à 3,400 francs. Nous disons *musc Tonkin* et non musc du Tonkin, car notre colonie n'est pas fréquentée par le chevrotin. Cette qualité exceptionnelle est livrée par la ville frontière du Thibet, Shon-Kin, d'où elle passait par le Tonkin pour être importée en Europe, au XVIIIe siècle, par les soins des missionnaires jésuites. Les autres qualités portent respectivement l'appellation de : *musc taw-pée, musc yun-nan, musc tan-hoc, kabardin de Sibérie* ou *de Chine,* lequel a une odeur de terroir sans finesse, est peu estimé et n'entre pas dans la parfumerie. Comme nous l'avons dit, les falsifications sont nombreuses et ont provoqué, pour être révélées, l'application de beaucoup de procédés chimiques sur lesquels il nous paraît superflu de nous étendre.

Tout récemment, la découverte d'un musc artificiel a occasionné sur le marché une émotion assez vive pour faire rompre les commandes de l'importation; mais l'inquiétude n'a été que passagère, car le nouveau produit ne saurait rivaliser avec la matière animale des meilleures qualités; le résultat aura été une plus rigoureuse surveillance dans la livraison de poches de premier choix.

Les Anglais, maîtres à Shang-Haï, avaient le monopole de cette importation. Mais nous avons commencé très sérieusement à importer directement et n'aurons, pensons-nous, que peu d'efforts à faire pour accaparer les transactions sur ce produit.

Nous avons rencontré, dans l'exposition de cueillettes, de M. Segall, de Vilna (Russie), des échantillons de musc-kabardin, récolté en Russie, sous le nom de *straky* et qui est de qualité remarquable. Les animaux, dont ce produit est retiré, sont tués en hiver et leurs poches sont livrées toutes gelées au commerce, dans un état de pureté parfaite et avec tout leur parfum.

TABLEAU DES EXPOSANTS PAR NATIONALITÉ.

Russie. — Voir J.-B. Segall au tableau *Cueillettes.*

PÊCHE ET ENGINS DE PÊCHE.

PÊCHE.

Le sentiment de satisfaction, de fierté nationale que nous avons eu l'occasion de manifester à propos de chacune des études que nous avons présentées jusqu'ici, et qui était justifié par la constatation du maintien de notre prééminence traditionnelle, de l'intelligence et de la souplesse de notre industrie et de notre commerce, d'un puissant courant d'initiative et de progrès dans notre pays, ce sentiment nous fait défaut au moment d'étudier la pêche française.

La routine et même l'indifférence semblent, sauf peu d'exceptions, endormir notre naturel esprit d'entreprise dans l'exploitation de ce champ immense de richesses que pourraient nous offrir la pêche maritime et la pêche fluviale.

Comparativement aux autres nations maritimes, à la tête desquelles figurent les États-Unis, le Canada, l'Angleterre et la Norvège, la France ne produit pas la somme d'efforts et de résultats qu'on serait en droit d'attendre de l'admirable peuple de marins qui se presse sur nos côtes.

Les traditions de la grande pêche se maintiennent mais semblent arrêtées aux errements du passé, alors que des progrès scientifiques et économiques de toute nature président journellement à la transformation, à la révolution dans tous les procédés.

Nos concurrents, entrés après nous dans la lice, sont devenus plus modernes, suivent la voie que nous négligeons. Engagement de capitaux, amélioration des flottes et des engins, association de pêcheurs, renouvellement des procédés commerciaux, rapidité des communications, simplification des transports et abaissement de leurs prix, agencement des ports, tous ces éléments concourent aujourd'hui pour augmenter, dans des proportions énormes, les infinies ressources de la mer et apporter à l'alimentation publique des produits sains à bon marché. Le problème d'apporter frais, sur le marché, dans toutes les parties du pays, des poissons de toute espèce et de les mettre à la portée des bourses les plus pauvres, ce problème, d'autres l'ont résolu; il ne l'est pas en France. En dehors, en effet, des grandes villes et des régions côtières, le poisson de mer est un luxe, alors qu'il pourrait être la ressource quotidienne. C'est pour protéger le recrutement de ses marins et défendre contre la misère les familles de matelots de la grande pêche, que notre gouvernement défend, avec autant de fermeté que de dignité, les droits séculaires que nous avons à Terre-Neuve; les intérêts dont il a la claire perception l'engageront peut-être à étendre le cercle de ses préoccupations à l'étude des moyens à l'aide desquels il pourrait surexciter et soutenir la direction des esprits pour le développement de nos pêcheries.

A côté de la pêche maritime, exploitons-nous mieux la pêche fluviale? Que produit l'admirable réseau de cours d'eau qui embellit et fertilise notre pays? Quelques truites dans certaines régions et du poisson blanc dans les autres, à peine de quoi suffire (avec la morue salée) aux prescriptions de maigre du vendredi et du carême! Les carpes, brochets, barbeaux, anguilles, perches sont devenus chose rare et n'enrichissent guère la cuisine populaire. Nos eaux sont stériles, dépeuplées, et alors qu'elles pourraient, comme toutes celles des peuples qui nous avoisinent ou de l'Extrême Orient, être une ressource précieuse pour l'alimentation publique, nous n'en retirons guère d'autres bénéfices que la distraction des pêcheurs à la ligne. Cette pêche, elle-même, qui a une sérieuse importance dans les autres contrées, continue à être l'objet de douces railleries qui seraient infiniment plus sottes que spirituelles, si la patience n'y paraissait pas plus nécessaire que le poisson.

Nous avons des lois, elles sont même nombreuses, pour la conservation du poisson de rivière, nous en avons aussi, pour le repeuplement des cours d'eau. Ces lois ne sont pas observées. Si, d'un côté, nos eaux sont trop souvent empoisonnées par l'incurie des industries riveraines qui y écoulent leurs dangereux produits, de l'autre, la surveillance et la police sont insuffisantes.

Comment comprendre que les graves intétérêts qui nous occupent n'aient pas déjà provoqué des mesures de protection exceptionnelles, assurant le repeuplement et la police des eaux, de leur source forestière à leur embouchure? Nous voudrions que, à l'exemple des autres pays, une commission centrale des pêches fût créée; elle serait composé des compétences scientifiques les plus autorisées et rattachée à la Direction du service hydraulique, au Ministère de l'agriculture. L'exécution des règlements rigoureux qu'elle aurait à élaborer serait confiée aux soins des agents forestiers et du personnel des travaux publics, en possession du droit de verbaliser, et qui sont répartis sur tout le territoire.

Y a-t-il lieu d'espérer que l'indéniable infériorité de nos pêches éveillera, à bref délai, les initiatives privées et publiques? Le Gouvernement a créé, en 1883, une fort intéressante station aquicole à Boulogne-sur-Mer; il confie des missions de recherche à nos savants les plus autorisés, entretient des établissements de pisciculture, réglemente et protège l'ostréiculture : il devra sortir du bien de tout cela, si l'esprit de suite et la fermeté ne font pas défaut à l'entreprise.

En attendant, étudions attentivement nos concurrents, avec la conscience modeste que nous avons presque tout à apprendre d'eux et la conviction qu'il est peu de soucis plus importants que celui d'assurer la prospérité de nos pêches.

PÊCHE MARITIME.

L'industrie de la pêche est comprise dans les classifications suivantes :

La *pêche maritime* comprend : la *grande pêche* et la *petite pêche*. La grande pêche s'exerce dans les mers lointaines, par des expéditions puissamment outillées en bâtiments, en engins et en matelots, pour la recherche des baleines, morues et autres grands poissons, dont les passages ont lieu dans certaines saisons de l'année.

La *petite pêche* s'entend de la pêche côtière, se faisant au voisinage des côtes, dans le rayon des eaux territoriales, ou librement dans les mers communes aux pêcheurs de toutes nations. Cette pêche côtière comprend également la pêche à pied, le long du littoral, où des engins capturent le poisson, les crustacés que la marée y amène.

La pêche maritime est protégée par l'État, sous forme de primes d'encouragement; elles sont attribuées au départ et au retour pour la pêche de la baleine, et, pour la pêche de la morue, consistent en primes d'armement et primes pour les produits, suivant le tonnage, le lieu de pêche, la quantité des produits. Ces avantages sont largement compensés par l'apport de la richesse retirée des eaux et surtout par l'entraînement que les populations maritimes trouvent dans la pêche et qui les constitue à l'état de réserves précieuses pour notre marine militaire.

Plus de 12,000 navires de tout tonnage et près de 70,000 marins sont affectés à l'industrie de la pêche maritime qui s'exerce à la ligne ou à l'hameçon, au harpon, à la flèche, au projectile ou au filet.

La *pêche fluviale* qui est une propriété de l'État, dans les cours d'eau navigables ou flottables, s'exerce librement à la ligne flottante; elle est entièrement libre pour les riverains dans les autres cours d'eau. La nature des engins et les saisons de pêche ont été réglées par un grand nombre de dispositions légales.

Les plus récents documents que nous possédions sur l'importance et le développement des pêcheries sont ceux qui ont été produits à l'occasion de la grande Exposition internationale de Londres en 1883 et de l'Exposition de Barcelone en 1888. Ces documents ont été résumés avec une lucidité remarquable dans les rapports présentés au Ministre de l'agriculture par M. E.-H. Sauvage, directeur de la station aquicole de Boulogne, créée en 1883, et qui s'efforce, avec un zèle et une compétence qu'on ne saurait trop reconnaître, à vulgariser les enseignements qui résultent de ses constantes études. Nous ne saurions donc puiser à des sources plus sûres pour justifier les considérations que nous avons développées au début de ce rapport. Voici, par pays, les indications les plus dignes d'être relevées.

États-Unis. — On n'estime pas à moins de 500 millions de francs la valeur des produits de la pêche dans les mers, fleuves et lacs des États-Unis. 100,000 marins et 6,000 navires de types perfectionnés, sous la haute surveillance d'une commission des pêches et pêcheries, dirigés par des sociétés puissantes d'armateurs, toujours à l'affût du progrès et qui, en leur assurant des avantages considérables, attirent les matelots les plus entreprenants et les plus hardis de tous pays pour leur confier le commandement des navires, exploitent toutes les eaux du pays. Des règlements scientifiquement élaborés s'imposent à eux.

Les navires sont à viviers et à glacières, généralement établies suivant la méthode Appert. De septembre à avril, les chemins de fer, dans des fourgons à air glacé, reçoivent les cargaisons des navires et les transportent par trains rapides dans toutes les régions du pays. Les truites des Grands-Lacs arrivent à New-York emballées dans la neige; les huîtres de la baie de Chesapeake parviennent jusqu'au Mississipi. Les huîtres de Virginie envahissent le marché de Londres. Partout, les ports, les phares, les postes de secours, les appareils avertisseurs des tempêtes sont disposés pour assister les pêcheries.

A tous ces éléments de prospérité s'ajoute l'introduction d'engins perfectionnés dont le plus important est le purse-senne ou filet-bourse qui produit des résultats merveilleux pour la pêche si considérable des maquereaux, harengs et *menhaden* ou aloses. C'est un filet de 50 mètres de profondeur, de 400 mètres de développement qui constitue un barrage circulaire dont on ferme le fond au moyen d'un coulant. Cet engin est porté par un bateau spécial accompagné de trois bateaux pêcheurs.

Voici, par nature de pêche, des détails intéressants :

La morue, qui représente une valeur de 20 millions, est pêchée avec des filets norvégiens en coton et avec des palancres de 12,000 à 15,000 hameçons.

Les sous-produits représentent le quinzième de la valeur du poisson. Avec les peaux, on fabrique de la glu et de la gélatine pour brasseries; avec les résidus des peaux et les arêtes, on produit un guano très estimé.

L'alose, qui a quelques-uns des caractères du hareng et qui porte le nom de *menhaden*, est pêchée de juin à octobre, de la Nouvelle-Angleterre à la Virginie, à l'aide du filet-bourse et de bateaux à vapeur. On en retire pour 4 millions d'huile et pour 10 millions de guano. D'autres espèces d'aloses, remontant les grands cours d'eau, sont pêchées aux sennes ou aux filets dérivants pour une valeur de 8 millions.

La sardine du Maine, conservée dans l'huile de coton, s'expédie à très bas prix sur les marchés anglais pour 5 millions.

Le maquereau, qu'on ne prenait autrefois que dans les eaux canadiennes, se pêche aujourd'hui sur toutes les côtes, de mars à décembre, par 500 schooners. Ce poisson, débarrassé, à l'aide d'un couteau spécial, de ses matières grasses, aussitôt pêché, est ensuite préparé à bord et parqué dans des barils de 100 kilogrammes. Le traitement appliqué au maquereau lui assure des qualités supérieures.

Les *halibuts*, pêchés à Terre-Neuve et dans le détroit de Davis, sont vendus frais et salés. Un appareil très ingénieux permet la conservation du poisson frais. La paroi supérieure du vivier logé dans le bateau est inférieure à la ligne de flottaison du navire et communique avec le pont par un puits de 0 m. 80 à 1 m. 20, dans lequel le niveau s'établit. Il en résulte que le mouvement de l'eau ne se fait sentir que dans le puits, ce qui assure la conservation du poisson. Les navires sont toujours aussi pourvus d'une glacière pour les plus grands individus, glacière qui occupe toute la largeur du navire et est constituée en compartiments indépendants par d'épaisses cloisons de bois où l'on met de gros blocs de glace. Le poisson ne se trouve pas en contact avec la glace. Cette glacière n'est ouverte qu'à l'arrivée au port.

Le *saumon* représente, pour la pêche de ses cinq variétés de la Californie et des côtes du Pacifique, une valeur de 16 millions de poissons frais, fumés et salés. Il est pris en remontant les cours d'eau à l'aide de filets de barrage et de trappes tournantes. L'exportation en consomme 630,000 caisses. 3,000 Chinois sont employés à cette pêche.

Les *homards* comptent pour 4 millions. La pêche en est faite par des bateaux à voile, pourvus de viviers, à l'aide d'un ingénieux engin. Un cylindre de plus de 1 mètre est constitué par des lattes clouées sur deux cercles de tonneau; il est muni à chaque extrémité d'un filet de forme conique, tendu sur le cercle au moyen de cordes. Dans l'intérieur du cylindre, sont fixées des pointes en bois pour l'appât. Cet engin est immergé avec des pierres placées au milieu du cylindre.

Les *cétacés* représentent une pêche qui est encore d'une valeur de 18 millions, malgré la diminution graduelle de ses produits. Les engins les plus variés y sont appliqués, notamment une collection très nombreuse d'armes à feu. On a renoncé à l'emploi des projectiles contenant de l'acide prussique.

Les morses, otaries et pingouins, précieux pour leurs huiles, ne donnent pas des produits très importants.

Canada. — Le Canada, qui baigne ses rives dans trois Océans et dont le territoire renferme des lacs immenses, représente une pêche de plus de 100 millions. La morue est l'objet d'une exportation de 30 millions en morues salées, langues et vessies salées et huiles.

Le hareng compte pour 12 millions.

Le maquereau, pêché à la ligne et à la senne par des shooners bons marcheurs, est préparé salé, à l'huile, aux épices. Produit : 10 millions.

Les homards fournissent 16 millions de boîtes pour 15 millions de francs.

Les phoques du golfe Saint-Laurent et des côtes du Labrador sont pêchés avec des filets de chanvre, pour une valeur de 1,600,000 francs par 32 shooners qui exploitent le détroit de Belle-Isle.

Le saumon pour 8 millions, les truites pour 1,500,000 francs, les cyprins pour 1,600,000 francs, les brochets, anguilles, éperlans, aloses, pour près de 3 millions, sont la proie d'une flotte nombreuse de voiliers et de vapeurs qui accrochent aux trains le poisson frais renfermé dans des caisses frigorifiques. En 1881, des saumons des Grands-Lacs ont été transportés sans altération à Londres. La pêche du saumon est réglementée sérieusement. Elle s'effectue avec des filets de barrage ou des sennes.

Terre-Neuve. — La moyenne annuelle de la pêche de la morue est de 30 millions dont la part de la pêcherie française est un peu moindre de 2 millions.

La morue est salée. Elle produit aussi des huiles brutes et raffinées, des rogues, du guano. Les huiles brutes sont employées en Angleterre pour la préparation des cuirs.

Les phoques, du golfe Saint-Laurent, produisent, en mars et avril, une pêche de 400,000 individus dont les peaux et l'huile valent 27 millions.

Le hareng compte pour 4 millions, les homards et saumons pour 1 million.

Terre-Neuve usine une grande quantité d'engrais de poissons.

Angleterre, Écosse, Irlande. — Le Royaume-Uni compte près de 40,000 bateaux de pêche et 120,000 matelots. 250 millions sont engagés dans les pêcheries qui font vivre plus de 200,000 personnes.

La pêche s'applique surtout à la capture du poisson frais dont Londres consomme annuellement 143,000 tonnes. Les transports se font par wagon à air froid et à sec.

Tout le matériel des pêches, bateaux de tout tonnage, bateaux à vapeur, engins, est l'objet d'incessantes améliorations. Les pêcheurs se constituent généralement en sociétés et organisent les transports de leur pêche par des bateaux à vapeur spéciaux qui mettent la flotte en communication constante avec le littoral.

La marche et l'arrivée du poisson sont annoncées sur les côtes par le télégraphe et par des pigeons voyageurs que la flotte de pêche emporte avec elle. En outre, un réseau téléphonique relie les ports de pêche à des stations d'observation.

Les engins les plus remarquables sont le chalut ou filet à poche de 15 à 25 mètres de long; le filet pour morue de 340 mètres sur 50 de large; les cordes de 6 kilomètres portant 4,000 à 5,000 hameçons, les chaluts à crevettes.

La plupart des bateaux commencent à être pourvus de caisses pour le filage de l'huile dont les effets sont si remarquables en cas de gros temps.

La pêche seule du hareng a occupé, en 1881, en Écosse, 8,300 bateaux. 43,800 hommes, 2,800 tonneliers, 18,000 emballeurs et 2,200 hommes de peine employés dans les ateliers de préparation. 1 milliard de poissons dans 1 million de barils ou 166,000 tonnes ont produit 45 millions de francs qui ont été, pour la plus grande partie, payés par l'importation allemande.

La pêche anglaise des baleines et des phoques a été effectuée par 22 navires de 300 à 400 tonneaux et a produit 66 baleines, 100,000 phoques, 2,000 tonnes d'huile et 900 quintaux de fanons.

Norvège. — La pêche est la principale occupation et la source la plus considérable de richesse pour les vaillantes populations maritimes de la Norvège, qui ont donné à leurs pêcheries une excellente organisation. La valeur annuelle des produits peut être évaluée à 165 millions de francs pour 165,000 tonnes de poissons dont 25,000 de poissons frais.

La morue fraîche ou cabillaud, dont les bancs se divisent en trois courants à la fin de janvier, est pêchée, de février à juin, aux îles Lofoden et dans le Söndmöre, le Finmark et Trondhjem, avec des lignes à main, de fond, des filets de fond. Cette pêche est surveillée par des garde-côtes officiels. Les morues sont livrées à la salaison, qui se fait avec du sel de Cadix, ou à la dessiccation comme pour le stockfisch qui sèche sur des perches.

La rogue, c'est-à-dire les œufs de morue salés, qui est affectée à la pêche de la sardine sur les côtes de Bretagne, est d'un grand produit, de même que les huiles médicinales fabriquées à la vapeur avec des foies frais.

Les harengs donnent lieu à une pêche d'hiver et à une pêche d'été; cette dernière est préférable, le poisson étant plus gras et plus ferme. La poursuite du poisson se fait en flottille de quatre ou cinq bateaux qui se font accompagner par un bateau-auberge porteur des provisions, des engins, etc. Le salage se fait avec des sels de Setubal, de Trapani, de Cagliari, et l'encaquage dans des barils de sapin, de bouleaux, de hêtre. Cette pêche occupe 30,000 matelots et 50,000 ouvriers.

Le *sprat,* qui se prend à la senne, est préparé en sardine, à l'huile, ou plus généralement en anchois, salé en rouge avec des épices.

Le maquereau, qui est pris en grande quantité aux filets dérivants, traînants ou de barrage, est livré frais, en glace, pour l'importation anglaise; une certaine quantité salée. La rogue est vendue pour pêcher la sardine en France et en Espagne.

Un service de vapeurs sur Londres y apporte le maquereau, le saumon et le homard frais.

Des compagnies anglo-suédoises et anglo-norvégiennes se sont constituées pour la fabrication du guano de poisson.

Le *squale boréal* et la *raie* fournissent, grâce au volume et à la richesse en matières grasses de leurs foies, des huiles d'une saveur moins prononcée que la morue.

Les homards ne peuvent être pêchés que si leur taille dépasse 0 m. 22. On les prend avec des pinces de bois, des barils garnis d'un entrecroisement de ficelles formant filet, des casiers en osier, des nasses de filet.

Le morse et le phoque sont poursuivis au Spitzberg et à la Nouvelle-Zemble, et chassés au fusil rayé.

La baleine de Finmark est attaquée avec des harpons explosifs lancés par un canon.

Suède. — Ce pays, dont la douzième partie est occupée par des cours d'eau et des lacs, s'occupe de la pêche d'eau douce et salée. Celle du hareng est la plus importante; elle fournit dans la Baltique plus de 100,000 barils.

Le sprat donne un produit de 5 millions. Les phoques et les morses, chassés dans les mers arctiques par la Compagnie de Gothembourg, fournissent 30,000 animaux et 400,000 barils d'huile. Le total des pêcheries d'eau douce, anguilles, saumons, perches, brochets, écrevisses, est d'environ 4 millions.

Hollande. — Les pêcheries hollandaises sont en grand progrès. Elles exploitent surtout le hareng de la mer du Nord avec 400 bateaux jaugeant 19,000 tonnes et montés par 4,800 marins. Ce qui constitue la valeur de cette pêche, c'est que le hareng est préparé aussitôt que pêché au grand profit de sa qualité. L'Allemagne consomme le hareng salé, et la Belgique le hareng saur ou fumé. La morue s'exploite en marée fraîche pour l'Angleterre, de même que la crevette. La pêche de l'anchois est très riche ainsi que celle du saumon à laquelle préside une réglementation sévère. Le repeuplement des rivières et surtout de la Meuse est poursuivi avec une grande persévérance.

Belgique. — Il ne s'y fait guère qu'une pêche côtière du hareng avec hameçons doubles, par 300 bateaux.

La crevette grise est recueillie par des chaluts à chevaux. Ostende est un marché important de poissons de divers pays. Dans ces dernières années, ont été institués des cours pratiques pour pêcheurs et patrons de bateaux.

Danemark. — Le hareng pêché au filet produit, avec la capture d'Islande, 3 millions et demi de francs; la morue d'Islande, 6 millions. Le Groenland fournit 90,000 phoques et 15,000 requins. Les anguilles rapportent 2 millions.

La *Russie* a une grande variété de pêches. La plus importante est celle de l'esturgeon frais ou conservé qui fournit le caviar, et de l'ichtyocolle. Le centre de cette pêche, qui rapporte de 16 à 20 millions, est à Astrakan. L'esturgeon est apporté vivant à Saint-Pétersbourg. Palancres, sennes, traînes à sac, cordes, crocs, sont affectés à cette pêche.

Le saumon est pris à l'aide de barrages ou, sur le Petchora, avec des filets fixes. L'éperlan, attrapé avec des filets en nappe ou des hameçons, et qui est salé et fumé, est une pêche d'hiver de la Baltique et de la mer Blanche. Elle représente 1 million.

On recueille une quantité importante de harengs dans le golfe de Bothnie et dans la mer Blanche, et des aloses dans la Caspienne et dans la mer Noire.

La morue est pêchée dans la Laponie russe au carrelet ou à la corde à hameçons.

Les lamproies de la Baltique, de la Caspienne et de la mer Blanche sont traitées en saumure ou à l'huile. La pêche s'en fait avec des corbeilles placées dans des barrages en branchages.

Astrakan fournit encore les silures pris à la ligne, au filet ou au harpon à deux branches. Les carpes, muges, écrevisses, sangsues et sandres, dont on retire un genre de caviar fort apprécié en Grèce, représentent un chiffre d'affaires très important.

100,000 phoques de la Caspienne sont tués en hiver sur la glace des embouchures du Volga et de l'Oural; la Nouvelle-Zemble produit des morses; la mer Blanche et la mer Glaciale des baleines.

Il est difficile d'évaluer avec exactitude le chiffre total, certainement très important, que représente cette grande variété de pêcheries.

Espagne. — La pêche côtière d'Espagne, qui s'exerce principalement dans le golfe de Biscaye, consiste surtout en thons, sardines, pris avec le filet à bourse, et anchois. On prend aussi une grande quantité de poulpes à l'aide d'une tige de fer garnie d'étoffes voyantes et terminée par une série de crochets recourbés.

Le *Portugal* se livre à la pêche côtière des sardines, aloses, congres, homards.

L'*Italie* prend aux filets et livre à l'exportation pour environ 3 millions de poissons divers et surtout de thons, d'anchois, de sardines. Palerme est la principale place de pêche. Les engins employés sont les filets fixes ou de traîne, les chaluts, les harpons pour espadons, les palancres pour les pêches en profondeur.

La principale industrie de pêche, armant 600 bateaux montés par 8,000 marins, de Livourne, de Sardaigne, de Sicile, est celle du corail. Elle produit environ 20 millions de quintaux pour 4 à 5 millions de francs.

Les côtes d'Istrie et de Dalmatie, celle de Sfax exploitée par les Siciliens, fournissent des éponges.

La pêche fluviale a une certaine importance dans l'Italie du Nord.

La *Grèce,* qui compte 20 établissements de pisciculture, dont celui de Missolonghi, qui s'étend sur 30 kilomètres carrés, ne fait qu'une pêche côtière. Les muges représentent un produit très important comme consommation fraîche et fournit, par ses œufs salés et séchés, sous le nom de *boutargue,* une sorte de caviar appréciée. 700 bateaux et 3,000 pêcheurs d'Égine, Hydra, Trikeri, ramassent, à l'aide de plongeurs et avec des tridents, pour près de 3 millions d'éponges.

OSTRÉICULTURE.

Pour compléter le tableau de la pêche dans les divers pays, il nous reste à dire quelques mots de l'ostréiculture et de la pisciculture.

L'ostréiculture dont la prospérité est assez grande en France, mais moindre qu'elle ne devrait être, s'exerce sur les côtes du Morbihan, à Marennes, dans le bassin d'Arcachon. Les huîtres draguées ou retirées des parcs peuvent être évaluées à une quantité de 700 à 800 millions pour une valeur de 18 à 20 millions.

Les établissements, bancs, parcs ou réservoirs sont, sur le domaine public, au nombre de 33,000 environ, et, sur le domaine privé, de 300, occupant une superficie de 8,500 hectares.

Les États-Unis recueillent l'huître sur toutes leurs côtes, mais surtout dans la baie de Chesapeake.

Avec des dragues, des pinces à râteaux, 5,000 bateaux, montés par 55,000 pêcheurs, retirent une valeur de plus de 75 millions de francs.

L'exportation des huîtres fraîches et conservées se fait sur Londres et Liverpool.

En Grande-Bretagne, où les bancs sont détruits, on fait surtout l'élevage d'huîtres françaises.

L'Espagne cultive des huîtres d'Arcachon à Santa-Maria et en Galice, sans que le produit en soit très important.

L'Italie produit, dans le golfe de Tarente et à Messine, une certaine quantité d'huîtres et de moules.

La Belgique n'a pas de bancs. Les huîtres dites *d'Ostende* sont des huîtres de Bretagne engraissées en Angleterre et parquées à Ostende.

La Hollande a une culture prospère à l'embouchure de l'Escaut.

La Norvège qui avait des huîtres excellentes n'en exploite plus guère par suite de la destruction des bancs.

L'Allemagne, qui avait autrefois des huîtres estimées dans la Baltique, consomme surtout aujourd'hui des huîtres de Virginie.

PÊCHE FLUVIALE.

De la vue d'ensemble que nous avons jetée sur l'industrie de la pêche et qui, en raison de leur importance prépondérante, a plus spécialement porté sur les pêches maritimes, nous passons maintenant à l'examen spécial de la pêche fluviale et de ses divers engins. L'exposition de la classe 43 nous en offre une collection fort intéressante que nous aurions désiré plus complète encore et plus favorable, dès lors, à une étude comparative.

Cette exposition, présentée avec beaucoup d'art, offrait le sujet d'une revue toute philosophique sur le pêcheur et sur ses victimes. Quand on passe de l'hameçon le plus primitif, fait de bois dur ou même de pierres aiguisées, qui prend le poisson de Hawaï, aux engins rudimentaires aussi des îles du Pacifique, et qu'après avoir examiné les appareils des pêcheurs des côtes d'Afrique, des eaux d'Amérique, de la Chine et du Japon, on admire la perfection des lignes pour la truite et le saumon qu'emploient le Canada, l'Écosse, la Suède, la Norvège; quand on compare tous ces engins et qu'on voit les artifices et les ruses qui semblent nécessaires pour prendre les rares poissons qui dépistent les embûches des pêcheurs parisiens, on se demande si le poisson ne subit pas lui-même la loi de la civilisation et du progrès et si, dans sa lutte contre l'homme, il ne devient pas d'autant plus méfiant que son bourreau devient plus ingénieux.

Mais ne nous arrêtons pas à cette désolante hypothèse, car nous ne pourrions par elle justifier nos prétentions françaises à la primauté de l'intelligence. Avouons-le tout crûment : malgré les progrès incontestables de la fabrication parisienne, malgré la situation très honorable qu'elle a acquise, nous baissons encore pavillon devant les produits de l'Angleterre et des États-Unis.

Quand nous nous serons habitués à parler sérieusement du pêcheur à la ligne, c'est-à-dire quand nos rivières seront redevenues poissonneuses, nous créerons, comme nos florissants concurrents, un sport riche et bien porté de la pêche à la ligne; nous fabriquerons l'engin de luxe mieux qu'eux, par habitude de ne livrer que des produits parfaits, et nous pourrons lutter avec eux et les battre sur leurs propres marchés. Ce temps n'est pas encore venu : nous produisons bien, nous exportons un peu déjà, mais ne nous permettons généralement que l'article courant à bon marché. Plus tard, espérons-le, quand notre pisciculture se sera développée; quand nos réserves seront bien et intelligemment gardées et que nos brochets n'y seront plus protégés par nos ingénieurs, nos voraces brochets qui détruisent toute la petite gent poissonnière; quand les eaux industrielles seront recueillies dans des puisards et ne s'épancheront plus dans les eaux courantes; quand le braconnage de jour et de nuit, en temps prohibé, avec des filets dont les mailles ne sont pas réglementaires, sera réprimé; quand le colportage du poisson sera poursuivi pendant les périodes d'interdiction de la pêche; quand nous aurons fait tout cela, nous serons presque à la hauteur de nos voisins les Anglais. Si nous y ajoutons, en violation de nos principes égalitaires, des lois de dictature limitant le droit de pêche des riverains en autorisant l'affermage par grands lots des cours d'eau non navigables, nous aurons, comme les Anglais, aristocratisé la pêche à la ligne et, du même coup, sauvé ses destinées. Nos fabricants alors, se mettant à la hauteur de cette prospérité, nos cannes à pêche, lignes, hameçons, mouches artificielles, etc., seront hors de pair. A l'Exposition de 1878, nos produits marquaient déjà un grand progrès sur 1867 et obtenaient des médailles d'or *ex æquo* avec l'Angleterre : espérons que dans un avenir prochain leurs mérites seront exceptionnels.

A l'heure présente nous luttons surtout par l'élégance et la modicité des prix, mais nos hameçons et autres accessoires n'ont pas la valeur intrinsèque des articles étrangers.

L'article de pêche parisien représente près de 3 millions d'affaires et occupe de 400 à 500 personnes pour les cannes à pêche en tous genres et de tous bois, les lignes et leurs accessoires, les filets, bouchons, soies, cordonnets, la ferblanterie, la tournerie de métaux, Notre exportation, favorisée par la façon consciencieuse et par le bon prix, augmente en Belgique, en Russie, en Allemagne et même en Amérique.

En dehors des maisons qui ont obtenu les grandes récompenses et qui ont leur notice spéciale, citons les maisons Duckett, à Paris, pour tous les accessoires de pêche; Berthelot, Duransel pour les nasses et pièges, Pernel pour les filets, Aurouze pour ses pièges qui luttent avantageusement même avec ceux d'Allemagne, Chertier, Serrin pour son piège perpétuel.

Nous regrettons que les expositions des colonies ne nous aient pas présenté les bois utilisés pour cannes à pêche, tels que bambous, rotins, joncs et autres essences.

Dans les expositions étrangères, relevons l'exposition exceptionnelle des hameçons de la fabrication de Redditch, en Angleterre; elle comprend plusieurs maisons défiant toute concurrence et à la tête desquelles figure la maison Bartleet and sons.

La maison Caswell, de Glasgow, continue à avoir le monopole et la grande réputation pour les crins d'Espagne connus sous le nom de *crin de Florence*. La provenance en est Murcie, et la matière première le boyau du ver à soie. Jusqu'à ces derniers temps, la France achetait en Angleterre cet article importé d'Espagne, mais, aujourd'hui, elle le demande directement à Murcie. Le crin d'Espagne vaut suivant la qualité et la longueur de 3 fr. 50 à 120 francs le mille.

Les maisons anglaises exposent des cannes à pêche merveilleuses, pour truites et saumons, dont certaines atteignent le prix de 300 francs. La maison William Mills and sons, de New-York, est une concurrente sérieuse pour ces articles exceptionnels.

La France a été seule exposante pour les filets. Les autres nations n'ont utilisé cet article qu'à titre d'ornement dans les collections générales.

L'industrie des filets à la mécanique, qui intéresse surtout la pêche maritime, se développe avec peine; en fait, les préjugés et les habitudes veulent que le bon filet soit fait à la main; cette confection, en outre, représente le travail des pêcheurs pendant la morte-saison. En dépit de ces circonstances particulières, la très importante maison Dickson développe graduellement le chiffre de ses affaires.

Signalons en terminant, à titre d'engins pour la grande pêche, une exposition de machines à vapeur, logeables dans les bateaux et construites par la maison Caillard, du Havre, pour faciliter les dures opérations de la pêche au chalut.

PISCICULTURE.

C'est la France qui a pris, il y a quarante ans, l'initiative d'assurer le repeuplement des cours d'eau par la production scientifique du poisson.

Les travaux remarquables de Coste et de Coumes, qui reprenaient les études de Shaw et de Jacobi, ont été suivis avec un vif intérêt par les autres nations; elles ont obtenu, grâce à leur esprit de suite et à la sévérité de leur réglementation, des résultats considérables que nous n'avons pu réaliser chez nous que dans une trop faible mesure.

En Angleterre et en Écosse les procédés d'incubation artificielle des œufs du saumon ont produit en vingt ans une surproduction de pêche de près de 12 millions de francs. Entraînés par l'exemple des grands propriétaires, tous les comtés ont fondé des sociétés de pisciculture et d'aquiculture; un grand nombre d'appareils très ingénieux ont été inventés pour l'élevage de toutes sortes de poissons.

La Suède et la Norvège possèdent plus de 50 établissements officiels ou privés qui ont repeuplé les eaux. Le Danemark et la Hollande suivent cet exemple avec le plus grand succès pour l'élevage du saumon, de la truite des lacs et de rivières.

La Belgique a introduit une législation sévère pour la protection des cours d'eau du domaine public, afin de favoriser leur repeuplement, et pratique la fécondation artificielle des truites et saumons.

La Suisse, qui possède plus de 30 établissements subventionnés, a établi des postes de surveillance pour la pêche, et construit des échelles à saumons sur divers points.

L'Allemagne, sous l'impulsion de l'*Association de pêche allemande*, développe dans une large mesure les établissements et introduit des appareils fort ingénieux.

L'Autriche-Hongrie possède, grâce à l'initiative de son souverain et aux efforts de ses grands propriétaires, des établissements modèles très prospères.

La Russie, dont les efforts datent de 1855, a créé des établissements importants pour la fécondation de l'esturgeon, du saumon, de la truite de rivière, des corégones, de la perche.

L'Italie, qui depuis longtemps a établi sur l'Adriatique de fort importantes entreprises de pisciculture maritime, s'efforce actuellement avec succès d'assurer le repeuplement en truites et en saumons, en lavarets et en ombres-chevaliers de ses lacs du Nord et de ses cours d'eau.

Le Canada est entré résolument dans les mêmes voies. Des règlements sévères, 11 établissements de pisciculture comprenant 650 agents et ayant un budget de près de 250,000 francs, contribuent au repeuplement des eaux de ses lacs et fleuves qu'une exploitation abusive avait appauvries.

Les mêmes dangers ont provoqué aux États-Unis l'application des mêmes remèdes. Il y a vingt ans que la pisciculture a été entreprise, avec un budget de plus de 5 millions, sous l'autorité de la *Commission des pêches*.

Actuellement il y a 36 sections de pisciculture marine et d'eau douce dans les divers États, dirigées par des commissions d'étude et de propagande. A côté de ces établissements, des laboratoires d'éclosion officiels ou privés se multiplient, et affectent des capitaux considérables à leur industrie qui emploie une variété très remarquable d'appareils. Leur introduction en Europe ne pourra que favoriser l'élevage de nos propres espèces et l'acclimatation des variétés de poissons d'Amérique.

De cet exposé trop long et trop court à la fois, à raison de l'importance extrême des intérêts en cause, nous devons retirer des leçons.

La plus sérieuse est qu'à rester stationnaires au milieu du mouvement énergique de progrès qui se manifeste partout autour de nous, la richesse que nous apportent les mers risque de se tarir, ou du moins d'être bien au-dessous de ce que nous pouvons lui demander. Les procédés scientifiques de conservation des poissons frais, au moment de la pêche et pour les transports, nous menacent de l'importation américaine et anglaise. Dans ces conditions, si un mouvement énergique de progrès ne vient secouer notre apathie, si aux procédés de nos rivaux nous n'opposons des procédés semblables, nous risquons fort de voir s'aggraver la situation de nos populations maritimes qui vivent trop souvent de privations et de misères et qui finiront, au grand détriment de notre puissance militaire et de notre expansion coloniale, à déserter la mer et une industrie qui a été glorieuse.

Est-il besoin de résumer la nature des progrès que nous espérons? Ils ont été indiqués dans les rapports du directeur de la station aquicole de Boulogne, et nous les rapportons ici. Constitution d'associations de pêcheurs assistés par le crédit, transformation des armements par l'élévation du tonnage des bateaux et l'application de la vapeur, pêche en flottille avec l'assistance d'un vapeur-courrier, mettant incessamment la flottille en communication avec le continent, de façon à profiter sans perte de temps de toute la saison de pêche; aménagement, pour la conservation du poisson frais, de viviers et de glacières sur les bateaux; meilleure installation des ports de pêche; organisation de stations-avertisseurs de la tempête; emploi de pigeons voyageurs signalant les passages de poisson; installation de trains rapides avec fourgons à air glacé; développement des voies de communication; diminution des tarifs; emploi des sous-produits pour la production des engrais; repeuplement des cours d'eau; et, enfin, exposition permanente dans les ports de pêche et à Paris de tous les progrès réalisés dans toutes les branches de la pêche : tels sont les vœux que nous avons à formuler.

APPAREILS POUR LA PÊCHE EN EAUX PROFONDES.

TABLEAU DES EXPOSANTS PAR NATIONALITÉ.

Nombre d'exposants inscrits 4
Nombre d'exposants récompensés 3

PAYS.	COLLABORATEURS.	HORS CONCOURS.	GRANDS PRIX.	MÉDAILLES D'OR.	MÉDAILLES D'ARGENT.	MÉDAILLES DE BRONZE.	MENTIONS HONORABLES.	NON RÉCOMPENSÉS.	PAS ARRIVÉS, PAS JUGÉS.	RENVOYÉS À D'AUTRES CLASSES.	RETIRÉS.	NOMBRE des EXPOSANTS par NATIONALITÉ — INSCRITS.	NOMBRE des EXPOSANTS par NATIONALITÉ — RÉCOMPENSÉS.
France	"	"	"	"	2	"	"	"	"	"	"	2	2
Monaco	"	"	"	"	"	1	"	"	"	1	"	2	1
TOTAUX	"	"	"	"	2	1	"	"	"	1	"	4	3

LISTE DES EXPOSANTS.

CAILLARD frères .... Machine à vapeur pour pêche en eaux profondes ... France.
Jules LEBLANC .... Dessin et modèle pour dragage en eaux profondes... France.
Ant. GIBELLI .... Engins de pêche en eaux profondes.............. Monaco.

IMPRIMERIE NATIONALE

FILETS.

TABLEAU DES EXPOSANTS PAR NATIONALITÉ.

Nombre d'exposants inscrits.. 7
Nombre d'exposants récompensés.. 7

PAYS.	COLLABORATEURS.	HORS CONCOURS.	GRANDS PRIX.	MÉDAILLES D'OR.	MÉDAILLES D'ARGENT.	MÉDAILLES DE BRONZE.	MENTIONS HONORABLES.	NON RÉCOMPENSÉS.	PAS ARRIVÉS, PAS JUGÉS.	RENVOYÉS À D'AUTRES CLASSES.	RETIRÉS.	NOMBRE des EXPOSANTS par NATIONALITÉ — INSCRITS.	NOMBRE des EXPOSANTS par NATIONALITÉ — RÉCOMPENSÉS.
France....................	″	″	″	1	1	″	″	″	″	″	″	2	2
Danemark..................	″	″	″	″	″	1	1	″	″	″	″	2	2
Espagne...................	″	″	″	″	1	1	″	″	″	″	″	2	2
Norvège...................	″	″	″	″	″	1	″	″	″	″	″	1	1
TOTAUX.............	″	″	″	1	2	3	1	″	″	″	″	7	7

LISTE DES EXPOSANTS.

DICKSON et Cie............................	Filets de pêche..........	France.
E. HERVÉ et Cie............................	Filets de pêche..........	France.
C. BRAMMER............................	Filets de pêche..........	Danemark.
FABRIQUE DANOISE............................	Filets de pêche..........	Danemark.
Pedro ALIER............................	Filets mécaniques........	Espagne.
SOCIÉTÉ ANONYME, SUCCESSEUR DE FABRA Y PORTABELLA..	Filets de pêche..........	Espagne.
FABRIQUE NORVÉGIENNE........................	Filets de pêche..........	Norvège.

LISTE DES RÉCOMPENSES.

MÉDAILLE D'OR.

MM. DICKSON ET Cie, à Dunkerque.

Maison fondée en 1856 par M. Broquand, à Dunkerque, qui introduisit dans notre pays l'industrie du filet mécanique. M. Broquand obtint de nombreuses récompenses aux diverses expositions spéciales et entre autres à l'Exposition universelle de 1867 et fut fait chevalier de la Légion d'honneur à la même époque. Après sa mort, en 1885, la maison Dickson qui existait à Dunkerque depuis 1837, qui avait été la fondatrice de la première filature mécanique de lin et du premier tissage de toile à voile mécanique, entreprit de continuer cette industrie essentiellement dunkerquoise. Par son activité et son intelligence, ainsi que par l'accroissement et le perfectionnement de l'outillage de l'ancienne maison Broquand, MM. Dickson ont su donner une impulsion nouvelle à cette affaire. Ils occupent actuellement de 300 à 400 ouvriers et emploient 200 chevaux-vapeur. Cette industrie a une importance considérable pour nos pêcheurs français qui, grâce à la perfection des produits de la maison Dickson, ne sont plus tributaires de l'étranger pour les filets.

ENGINS POUR LA PÊCHE FLUVIALE.

TABLEAU DES EXPOSANTS PAR NATIONALITÉ.

Nombre d'exposants inscrits.. 84
Nombre d'exposants récompensés.. 40

PAYS.	COLLABORATEURS.	HORS CONCOURS.	GRANDS PRIX.	MÉDAILLES D'OR.	MÉDAILLES D'ARGENT.	MÉDAILLES DE BRONZE.	MENTIONS HONORABLES.	NON RÉCOMPENSÉS.	PAS ARRIVÉS, PAS JUGÉS.	RENVOYÉS À D'AUTRES CLASSES.	RETIRÉS.	NOMBRE des EXPOSANTS par NATIONALITÉ	
												INSCRITS.	RÉCOMPENSÉS.
France	"	2	"	"	2	3	3	1	"	"	1	12	8
Colonies	"	"	"	1	"	3	5	2	2	"	"	13	9
République Argentine	"	"	"	"	"	"	"	4	"	"	"	4	"
Belgique	"	"	"	"	"	"	"	"	2	"	"	2	"
Brésil	"	"	"	"	"	"	1	1	"	"	"	2	1
Danemark	"	1	"	"	2	"	3	4	11	2	"	23	5
États-Unis	"	"	"	"	1	"	1	"	"	1	"	3	2
Grande-Bretagne	"	"	"	2	4	"	1	1	"	1	"	9	7
Guatemala	"	"	"	"	"	"	1	"	"	1	"	2	1
Hawaï	"	"	"	"	1	"	"	"	"	"	"	1	1
Japon	"	"	"	"	"	"	1	"	"	"	"	1	1
Norvège	"	"	"	1	1	"	"	"	3	"	"	5	2
Roumanie	"	"	"	"	"	"	1	2	"	"	"	3	1
Russie	"	"	"	"	"	"	1	"	"	"	"	1	1
Finlande	"	1	"	1	"	"	"	"	1	1	"	3	1
TOTAUX	"	4	"	5	11	6	18	15	19	5	1	84	40

LISTE DES EXPOSANTS.

BELLORGEOT-CLAVEL .... Fabricants d'ustensiles de pêche et de chasse........................ France.
L.-V.-A. BERTHELOT .... Fusils-hameçons pour la pêche des grenouilles...................... France.
E. CARESMES.................. Hameçon-aiguille.................. France.
J.-M. CLÉRET.................. Fabricant d'ustensiles de pêche .... France.
Veuve Eulalie DUCKETT.......... Ustensiles de pêche................ France.
Hugues DURANSEL .... Nasses et filets de pêche, de chasse .... France.

F.-A. Pernel	Filets et articles de pêche	France.
M. Respaut fils	Gourdes en peau de bouc	France.
Exposition permanente des colonies	Engins de pêche	Colonies.
Service local	Engins de pêche	Gabon-Congo.
Leona Pecqueur	Engins de pêche	Gabon-Congo.
Laurent Schlussel	Produits et engins de pêche et de chasse.	Gabon-Congo.
Service des affaires indigènes	Engins et produits de pêche	Nouvelle-Calédonie.
Amadi Nataga Lam Toro	Engins de pêche	Sénégal.
Rouzaud	Filets de pêche, harpons	Sénégal.
Yamar M'Bodj	Harpons, engins de pêche	Sénégal.
Service local	Paniers pour la pêche	Tahiti.
Commission centrale de Pernambuco.	Engins de pêche	Brésil.
Conrad Christensen	Engins de pêche	Danemark.
Frode Grundtvig	Modèles d'appareils de pêche	Danemark.
Société des pêcheurs de Copenhague.	Engins de pêche	Danemark.
Société des pêcheurs de Kastrup	Engins de pêche	Danemark.
Steenberg et Skoulund	Dessins et modèles de voitures à poissons frais	Danemark.
N.-A. Osgood	Canot de chasse portatif	États-Unis.
W. Mills and sons	Canne à pêche pour harpon	États-Unis.
M. Carswell and C°	Crins de Florence	Grande-Bretagne.
Bartleet and sons	Articles de pêche	Grande-Bretagne.
Hardy brothers	Articles de pêche	Grande-Bretagne.
S. Allcock and C°	Articles de pêche	Grande-Bretagne.
W. Woodfield and sons	Articles de pêche	Grande-Bretagne.
H. Millward and sons	Hameçons	Grande-Bretagne.
S. Thomas and sons	Hameçons	Grande-Bretagne.
Municipalité de Mataquesclinta	Engins de pêche	Guatemala.
Gouvernement Hawaïen	Engins de pêche et de chasse	Hawaï.
Shinshichi Yoshida	Harpons pour la pêche de la baleine	Japon.
Comm°ⁿ norvégienne de l'Exposition	Collection de tous engins et amorces pour la grande pêche	Norvège.
H. Henriksen	Appareils spéciaux pour la pêche de la baleine	Norvège.
M. Marghiloman	Divers produits de la pêche	Roumanie.
Les héritiers de Kasakoff	Appareils de pêche	Russie.
Amis touristes d'Helsingfors	Collection d'engins et produits de pêche et de chasse	Finlande.

Les exposants qui suivent ont été récompensés dans d'autres catégories ressortissant à la classe 43.

Sous-Comité de l'Exposition	Engins de pêche	Guadeloupe.
Musée industriel commercial	Filets de pêche	Portugal.
Département de Ahuachapàn	Filets de pêche	Salvador.
Département de la Paz	Filets de pêche	Salvador.
Département d'Usulutàn	Filets de pêche	Salvador.

LISTE DES RÉCOMPENSES.

MEDAILLES D'OR.

Exposition permanente des colonies, à Paris.

Cette institution gouvernementale était représentée dans toutes les colonies par les produits du pays respectif ressortant de notre classe; partout nous avons retrouvé classés avec le même ordre, la même méthode, les engins et produits de la chasse et de la pêche et les produits de la cueillette.

En éparpillant ainsi entre les pays dont ils proviennent l'ensemble d'une collection remarquable et qui suffirait à elle seule à remplir un grand pavillon si tous les objets s'étaient trouvés groupés, le musée des colonies a renoncé à une gloire facile et assurée, aussi devons-nous lui en être d'autant plus reconnaissant. Cet éparpillement des produits mis chacun à leur place a puissamment contribué à rendre utiles les visites des personnes qui cherchaient à s'instruire et à tirer un profit sérieux de leurs visites à l'Exposition; il a contribué également à divulguer les richesses naturelles de chacune de nos possessions.

Ce n'est donc ni à un industriel ni à un commerçant, mais bien à l'ensemble d'une collection gouvernementale que nous retrouvions partout, que nous avons accordé une médaille d'or et pour laquelle nous aurions dû sans crainte demander un diplôme d'honneur, tant elle le méritait. En restant modestes dans nos prétentions nous avons tenu à respecter pour les nôtres un principe dont la courtoisie à l'égard de nos hôtes nous a souvent fait déroger et qui consistait à ne pas donner le pas au Gouvernement français sur nos meilleurs comme sur nos plus modestes exposants.

Retrouvant cet exposant dans chacune de nos possessions avec une collection complète de tous les engins et produits relevant de la classe 43, nous lui avons chaque fois, pour le principe, accordé une médaille d'or portant plus spécialement tantôt sur son exposition de dépouilles d'oiseaux, tantôt sur les ivoires, tantôt sur les produits de la cueillette, tantôt sur les engins et produits de la pêche, mais ces récompenses multiples n'étant pas admises se résumaient forcément en une seule que nous pouvions aussi bien faire figurer dans un autre chapitre plutôt que dans celui de la pêche.

MM. S. Allcock and C°, à Redditch (Grande-Bretagne).

La plus importante maison d'Angleterre pour tous les articles de pêche. Fabrique tout par elle-même et s'il y a mieux qu'elle au point de vue de l'article fin, riche et cher, du moins il n'y en a pas qui l'égale en importance. Sa fondation remonte à 1800.

MM. Bartleet and sons, à Redditch (Grande-Bretagne).

Datent de 1750 et tiennent le premier rang comme fini et qualité de leurs hameçons qui sont depuis de longues années reconnus comme supérieurs à ceux de leurs concurrents. Quant aux autres accessoires de l'article de pêche, quoique également de leur propre fabrication, ils sont surpassés par d'autres maisons.

Commission norvégienne de l'Exposition universelle de 1889.

Cette Commission nous présente une collection complète de tous les engins ainsi que des amorces utilisés en Norvège pour la pêche. Elle la complète par une exposition d'huiles de baleine, de phoque, de foie de morue. Cette collection offre un intérêt réel tant par le développement qui lui a été donné que par l'ordre avec lequel elle a été classée. Elle représente en outre l'une des industries prospères et fondamentales du pays.

Les Amis touristes d'Helsingfors (grand-duché de Finlande).

Collection de tous engins et produits de la pêche et de la chasse. Cette collection, due à l'initiative de quelques amis touristes, chasseurs et pêcheurs d'Helsingfors, nous a frappé par le bon goût avec lequel elle est exposée. En l'examinant attentivement nous avons pu constater que rien n'avait été négligé pour rendre cette collection aussi intéressante que complète et nous donner une idée exacte de tous les engins qui sont utilisés à ce double sport.

MÉDAILLE D'ARGENT.

MM. Bellorgeot, Clavel et Robillard.

Les articles exposés par cette maison sont tous de sa fabrication. Ses cannes à pêche en paquet sont munies de viroles tournées chez eux, ainsi que quelques systèmes de garnitures nouvelles, les unes à baïonnette, les autres à genouillère.

Quant aux cannes à pomme, la maison a utilisé des matières reconnues rebelles au dressage et au perçage; telles sont celles faites en bois d'ananas; grâce à un perfectionnement introduit dans son système de perçage elle a pu arriver à ce résultat.

Les lignes à pêche, depuis les articles les plus ordinaires jusqu'à ceux dont les prix sont le plus élevés, font l'objet d'une manutention spéciale, confiée à des femmes; de même pour les hameçons qui, montés par eux en France, quoique de provenance anglaise, pour l'hameçon, et espagnole pour le boyau de vers à soie, sont livrés au commerce à des prix inférieurs à ceux qui sont manufacturés en Angleterre.

Pour la fabrication des cannes à pêche soit en paquet, soit à pommes, les ouvriers, au nombre de dix, en leurs ateliers, arrivent à gagner de 8 à 10 francs par jour, selon leur savoir-faire, et elle peut arriver, malgré ces frais généraux assez élevés, à produire des cannes à pêche depuis 3 francs la douzaine, soit 0 fr. 25 pièce, jusqu'à 15 et 18 francs la pièce et même plus, selon le travail supplémentaire ou la matière utilisée.

Sa production annuelle pour les cannes en paquet, soit en roseau, soit en bambou, varie entre 1,300 et 1,500 douzaines; quant aux cannes à pomme, faites en roseau, en noisetier ou en bambou noir ou blanc, ou tous autres bois, la production est supérieure à environ 400 douzaines.

Pour les lignes à pêche, elle produit des articles depuis 3 francs la grosse, soit 0 fr. 25 la douzaine (chaque ligne qui vaut 0 fr. 02 passe dans dix-neuf mains avant d'être tout à fait terminée), jusqu'au prix de 15 à 18 francs la douzaine.

Dans les lignes à pêche, dites *pour la commission,* sa production est pour celle de 3 francs la grosse de 850 à 900 grosses et pour les autres supérieures d'environ 2,000 à 2,200 grosses.

Pour les hameçons montés sa production est de : en hameçons bleuis environ 700,000 et en hameçons irlandais 420,000; en plus de ces deux sortes elle monte tous les hameçons pour les lignes de sa fabrication.

Elle vend spécialement aux maisons de gros et de détail de France, elle fait aussi en Russie, en Autriche, en Italie et même en Allemagne un chiffre d'affaires d'exportation assez élevé.

Ouvriers et ouvrières sont employés toute l'année sans interruption :

Les ouvriers, au nombre de 10 ;

Les monteuses de lignes, au nombre de 14 ;

Les monteuses d'hameçons, au nombre de 10 ;

Et en plus 6 femmes occupées à tordre et à nouer le crin de cheval dont elle emploie environ 160 à 180 kilogrammes pour la fabrication des lignes.

NASSES ET PIÈGES.

Nous avons relevé plus haut, dans la nomenclature des maisons dont l'exposition était particulièrement digne d'attention, les noms de plusieurs fabricants de pièges et nasses. Bien que le développement de cette industrie soit assez récent chez nous et n'ait pas, dès lors, atteint une grande importance, nous devons nous arrêter un instant aux principaux articles qui nous ont été présentés.

La consommation des pièges et nasses est considérable; elle intéresse l'industrie de la chasse et de la pêche. Nous avons été très longtemps tributaires de l'importation allemande, belge et anglaise: l'Allemagne, particulièrement, a donné une grande perfection à ses produits aussi nombreux qu'ingénieux et bon marché. Mais la concurrence française commence à compter fort sérieusement grâce aux efforts de MM. Serrin, Aurouze et Marty.

La maison Serrin, de Neuilly-en-Thelle (Oise), est la plus ancienne. Elle a introduit le *piège perpétuel* dont les applications sont variées et qui jouit d'une légitime renommée due à sa fabrication constamment bonne.

La maison Aurouze, de Paris, dont le siège principal de fabrication est dans les Hautes-Alpes, a présenté divers appareils dignes du plus sérieux examen : le piège à ressort, tout en métal et fort bien conçu, dont le principe s'applique aux diverses espèces de pièges pour rongeurs, pour oiseaux et pour petits fauves, tels que belettes, fouines, renards, loutres; un nouveau genre de pièges à ailes plates qui saisit la bête, sans l'avarier, à l'entrée de son terrier; un piège à filet, actionné de diverses manières, et qui emprisonne brusquement les volatiles domestiques ou à l'élevage, comme les faisans; un piège mécanique, dénommé l'*antimaraudeur,* qui saisit, sans les blesser, et les tient bien, les rôdeurs ou braconniers. Tous ces produits sont de bonne fabrication et à prix relativement bas.

La maison Marty, de Villefranche (Aveyron), expose un piège d'invention nouvelle, tout en métal, dont les avantages semblent sérieux. C'est une nasse grillagée avec bascule, enfermant l'animal et se refermant automatiquement. Le même système est appliqué aux nasses pour poissons. Ces produits ingénieux, d'un prix modéré, méritent toute attention.

TABLEAU DES EXPOSANTS PAR NATIONALITÉ.

Nombre d'exposants inscrits.. 5
Nombre d'exposants récompensés.................................... 5

PAYS.	COLLABORATEURS.	HORS CONCOURS.	GRANDS PRIX.	MÉDAILLES D'OR.	MÉDAILLES D'ARGENT.	MÉDAILLES DE BRONZE.	MENTIONS HONORABLES.	NON RÉCOMPENSÉS.	PAS ARRIVÉS, PAS JUGÉS.	RENVOYÉS À D'AUTRES CLASSES.	RETIRÉS.	NOMBRE des EXPOSANTS par NATIONALITÉ — INSCRITS.	NOMBRE des EXPOSANTS par NATIONALITÉ — RÉCOMPENSÉS.
France	//	//	//	//	2	1	1	//	//	//	//	4	4
Belgique	//	//	//	//	//	1	//	//	//	//	//	1	1
Totaux	//	//	//	//	2	2	1	//	//	//	//	5	5

LISTE DES EXPOSANTS.

Ét. Aurouze	Fabricants de pièges métalliques	France.
Marlin frères	Pinces-muselières pour capture de bêtes puantes	France.
H. Marty	Nasses ratières et nasses de pêche	France.
H.-F. Serrin	Pièges en tous genres	France.
A. Lemaire et Cie	Pièges pour rongeurs et carnassiers	Belgique.

LISTE DES RÉCOMPENSES.

MÉDAILLES D'ARGENT.

M. Étienne Aurouze, à Paris.

Cette maison fabrique toutes sortes de pièges en fil de fer ou laiton pour détruire les rats, souris et autres animaux nuisibles. Elle occupe en moyenne 80 ouvriers dans les Hautes-Alpes. Les prix de ces différents articles lui permettent de faire concurrence à la fabrication allemande.

M. H.-F. Serrin, à Neuilly-en-Thelle (Oise).

Créateur, en 1863, du piège dit *perpétuel* qu'il a perfectionné depuis lors et dont il a conservé le monopole. Son outillage fonctionne à la vapeur, ce qui diminue le prix de la main-d'œuvre, et afin d'utiliser les déchets de son usine il fabrique plusieurs autres articles qui ne concernent pas spécialement notre classe.

PRODUITS DE LA PÊCHE.

PERLES.

La perle est le produit de la secrétion de certains mollusques habitant diverses espèces de coquilles dont les plus connues sont : l'avicule-perlière, la pintadine ou mère-perle, la pinne marine. Sa formation sur la lisière de la surface nacrée qui tapisse ces coquilles, dans les plis du manteau de l'huître, paraît être, sans que la cause en soit sûrement déterminée, le résultat d'une concrétion particulière, non identique à celle qui produit la nacre.

Suivant leur forme, les perles sont dites *rondes, en poire, biscornues* ou *baroques*.

Les plus petites sont désignées sous le nom de *semences*, les grosses sous celui de *paragonnes*. Elles se distinguent encore d'après leur eau ou *couleur* et leur teinte nacrée ou *orient*. Les perles passent du blanc azuré au blanc jaunâtre; on en rencontre assez fréquemment de roses, de bleues, de lilas.

Les plus belles, appelées *perles orientales*, du plus brillant orient, sont pêchées par des plongeurs dans les passages de l'île de Ceylan et dans le golfe Persique. Celles de Java et de Sumatra sont classées après elles. Les pêcheries de Panama qui ont longtemps livré des produits estimés sont fort appauvries, et, pour se refaire, ont dû être provisoirement interdites. Heureusement que les bancs découverts nouvellement en Australie sont venus remplacer la matière qui devenait rare.

L'industrie américaine emploie avec un grand succès les perles des bancs nombreux qui se rencontrent sur les mers, les fleuves et les côtes des États-Unis. Ces produits, qui ne sauraient rivaliser pour la beauté avec les autres perles, ne laissent pas de fournir une grande ressource à la bijouterie si remarquable que la maison Tiffany a illustrée de son nom et qui emploie annuellement pour près de 500,000 francs de perles nationales.

Le prix de la perle de choix a augmenté du double depuis ces dernières années. Il semble que l'avilissement du prix du diamant depuis la découverte des mines du Cap ait rejeté la mode et le goût vers la perle dont la consommation s'est accrue dans de fortes proportions. Il n'est pas possible de donner un chiffre représentatif de cette augmentation, car la perle entre en franchise et n'est que rarement soumise aux vérifications douanières; cependant il n'est pas exagéré d'en estimer l'importation à près de 5 millions de francs.

De grands efforts ont été faits par les maisons françaises pour enlever le monopole de l'industrie perlière à l'Angleterre; on y a réussi en partie grâce à la primauté que nos bijoutiers ont sur toutes les places du monde, grâce aussi à la confection de colliers façonnés avec des perles de premier choix.

Quant à la concurrence allemande, qui était redoutable pour la demi-perle, elle est combattue avec succès depuis l'introduction de machines perfectionnées pour le sciage des perles. Il s'en fait aujourd'hui un commerce considérable à Paris.

L'Exposition a fourni à l'industrie française l'occasion de montrer sa valeur. Collection rare d'huîtres perlières contenant toutes les formations de la perle, ou des perles adhérentes; échantillons de formation simultanée de la perle blanche et de la perle noire; collection des produits des pêcheries du Panama montrant entre autres une perle ronde de 73 grains, ayant la perfection de la forme, de la blancheur, de l'orient; colliers de diverses grosseurs de perles du golfe Persique et d'Australie; collection variée de toutes espèces de perles fines; colliers de perles allant de 70 à 1/8 de grain; collier admirable, valant 350,000 francs, composé de 103 perles pesant 1,570 grains, dont celles du centre étaient de 60 grains, et qui, pour être composé, a exigé l'ouverture d'un nombre infini de coquilles; perle grise de 60 grains du Mexique; perles noires de 72 grains de Taïti; perle-bouton blanche de 60 grains et d'une eau irréprochable, du golfe Persique.

Toutes ces richesses ont provoqué l'admiration des visiteurs. Il importe que notre administration coloniale en tire la conséquence que les pêcheries qui nous appartiennent sont dignes de toute sa sollicitude, qu'il y a lieu de protéger par une réglementation scientifique nos bancs du groupe d'îles constituant l'archipel Taïtien et de tenir sévèrement la main au respect de cette réglementation. Un décret du 11 juin 1890 a pourvu dans une certaine mesure à cette nécessité, à la suite du rapport de M. Bouchon-Brandely, inspecteur général des pêches maritimes. Les bancs appauvris ou épuisés seront reformés par les procédés de reproduction ostréicole, des réserves seront délimitées pour l'exploitation et enrichies de pintadines, l'installation de parcs sera autorisée; aux mesures de police prescrites seront attachées des sanctions contre les contrevenants.

Pourvu que ces mesures fort sages aient un autre résultat que d'enrichir la collection de nos lois! Il faut bien se rendre compte que la rapacité des marchands de perles est exclusive de tout souci de ménager nos gisements et que, dans le dédale des 120 à 130 îles qui entourent Taïti, la violation de tous les règlements est la vraie règle. Le raclage des fonds détruit un nombre immense de coquilles qui ne fournissent rien car elles ne sont pas arrivées à leur développement normal. Elles devraient donc être respectées par les pêcheurs; mais où est le gendarme? Il est représenté jusqu'ici par un mauvais caboteur à voiles qui est d'une impuissance absolue à faire respecter ses droits de police. L'État, qui est censé faire respecter par lui ses ordonnances sur les dimensions de coquilles exploitables, est la victime des contrebandiers qui apportent en fraude les produits de la pêche dans les îles anglaises de l'archipel.

Comment remédier à cette situation qui compromet nos richesses coloniales?

On sait que l'huître perlière n'arrive à son complet développement que vers l'âge de 5 ans, d'où la conséquence que les bancs devraient être aménagés par lots exploitables tous les six ou sept ans, d'après le système qui est appliqué en matière forestière. Mais ce procédé se heurterait à une difficulté sérieuse; la pêche étant l'unique ressource des insulaires, de quoi vivraient-ils pendant la durée de clôture de leurs cantonnements respectifs, et l'État ne serait-il pas malvenu d'exercer d'une manière aussi rigoureuse son protectorat? La solution se trouverait peut-être dans l'adoption d'un système d'adjudication des cantons de pêche qui comprendraient tout ou partie des îles à coquilles, les adjudicataires étant tenus d'assurer eux-mêmes l'application des règlements conservatoires et la subsistance des pêcheurs. Peut-être aussi pourrait-on emprunter au bassin d'Arcachon la réglementation qui confie aux parqueurs le soin de se garder eux-mêmes.

Le produit des adjudications donnerait sans doute à l'État des ressources suffisantes pour améliorer l'organisation de la police par l'établissement d'une flottille de garde-côtes à vapeur.

L'affermage des bancs aurait certainement pour résultat d'engager les fermiers à rejeter à l'eau les jeunes huîtres qui reprennent aussitôt leur croissance. L'amélioration produite par le fermier pendant la durée de son bail pourrait donner lieu, quand il aurait pris fin, au payement d'une somme de compensation qui s'imposerait au nouvel adjudicataire. Quoi qu'il en soit et quelque opinion qu'on ait sur la possibilité d'une organisation semblable, il faut trouver le moyen de sauver l'existence compromise de nos bancs, et avec elle la prospérité d'une industrie qui enrichit les colonies comme la métropole.

NACRES ET COQUILLES.

La nacre est cette substance blanche, brillante, aux reflets irisés, tapissant l'intérieur de certaines coquilles, substance secrétée par les mollusques unisexués qui les habitent et qui est presque de la même composition que les perles. Les coquilles les plus recherchées et qui tiennent toutes de l'huître perlière sont de diverses espèces : les *nautiles*, les *haliotides*, les *sabots* et surtout les *pintadines*.

La nacre est utilisée dans un grand nombre d'industries; on l'emploie aux manches de couteaux, aux branches d'éventails, aux jumelles, à la bijouterie, à la marqueterie, à la tabletterie, à la petite fantaisie pour villes d'eau et bains de mer, tous produits essentiellement parisiens. Mais le principal emploi en est fait par la fabrication de boutons pour la lingerie et le vêtement.

Le travail de la nacre est difficile et les procédés mécaniques qui ont permis d'en généraliser l'usage sont d'invention relativement récente. Le sciage, le redressage, le découpage, le façonnage, la gravure de la nacre, produisent une poudre impalpable qui affecte d'une matière nuisible les voies respiratoires des ouvriers.

Les plus anciennes pêches connues et qui sont très florissantes aujourd'hui encore sont celles du golfe Persique et de Ceylan. On n'y exploitait autrefois que l'huître perlière, connue dans le commerce sous le nom de *linga*, qui donne de fort belles perles, mais dont les coquilles ne furent longtemps d'aucun emploi dans l'industrie. Ce n'est que depuis peu d'années qu'on a trouvé le moyen d'utiliser la nacre de cette petite coquille. On en importe actuellement en France 300 tonnes environ sur une production totale de plusieurs milliers de tonnes.

On désigne plus spécialement sous le nom de *nacre* la pintadine de grande dimension. Elle a de 0 m. 10 à 0 m. 25 de diamètre et pèse de 80 grammes à 1 kilogramme la coquille. De 1872 à 1875, cette matière avait atteint le prix de 2 fr. 50 à 8 francs le kilogramme, mais sa valeur a beaucoup baissé par suite de l'exploitation de bancs importants découverts en Australie; les prix sont tombés de 1 fr. 50 à 4 francs le kilogramme. Une autre grande exploitation a été entreprise presque en même temps sur les bancs des îles d'Aroé, qui produisent annuellement près de 100,000 kilogrammes des plus belles nacres blanches de grande dimension, mais qui ne sauraient rivaliser, pour les quantités extraites, avec les pêches d'Australie. Les Nuroday-Blands, dans le Nord, et Nicollbay, au Nord-Ouest, expédient chaque année, sur le marché anglais, 1,200 à 1,300 caisses contenant environ 1,500 tonnes de nacre dont la valeur approximative est de 4 à 5 millions de francs. On peut estimer au moins à la même somme le rendement en perles de ces pêches. Sur la côte occidentale, vers la rivière des Cygnes, une maison française a organisé depuis une dizaine d'années la pêche aux huîtres perlières, et elle en importe actuellement plus de 1,000 tonnes par le port du Havre où les autres pays sont obligés de s'approvisionner. Bien que les coquilles provenant de cette pêche aient une valeur moindre que celles de grande dimension, le montant de cette importation atteint 600,000 à 700,000 francs par an.

Remarquons que le poids moyen de ces coquilles étant de 20 grammes, la quantité de 1,000 tonnes représente une pêche de 25 millions d'huîtres donnant 50 millions de coquilles. On en fabrique presque exclusivement des boutons pour les chemises, caleçons et gilets de flanelle. En estimant à environ 300 grosses le produit de 100 kilogrammes de ces coquilles, on arrive à la quantité prodigieuse de 3 millions de grosses de boutons rien qu'avec le produit de cette pêche.

Énumérons rapidement les autres bancs les plus connus. La pêche dans les mers de l'Inde produit environ 120 tonnes pour 500,000 francs; celle du golfe Persique donne environ 600 tonnes pour 1,500,000 francs; celle de nos colonies de Taïti est approximativement de 400 tonnes valant 1 million. On peut donc évaluer à 12 ou 13 millions par an la valeur de la nacre retirée des différentes pêches actuellement en exploitation. La France en consomme pour 4,500,000 francs, l'Autriche pour 5 millions, l'Angleterre pour 3 millions.

L'importation directe dans nos ports est assurée pour toutes les sortes de nacre, sauf pour celles d'Australie Nord et Nord-Ouest, qui arrivent sur le marché de Londres. On a vainement essayé jusqu'ici de les amener sur le marché du Havre qui n'a pas de ligne directe de vapeurs avec l'Australie. La ligne de Marseille à Sydney est trop distante de nos fabriques du Nord qui emploient presque exclusivement ces sortes de nacre et le transit de Marseille au Havre est trop lent et trop coûteux.

Trois pays se disputent la matière première et l'approvisionnement en boutons des marchés étrangers. L'Autriche vient en première ligne avec ses fabriques des faubourgs de Vienne, de Bohême et de Moravie. La France occupe le second rang. La fabrication des boutons y est concentrée dans le département de l'Oise; l'Isère et les Vosges comptent quelques fabricants isolés. En troisième ligne vient l'Angleterre dont le centre de fabrication est Birmingham.

Toute cette production peut être évaluée à 25 ou 26 millions de francs. La France en exporte pour 10 millions, l'Autriche pour 12 millions, l'Angleterre pour 4 à 5 millions.

La fabrication française, longtemps hésitante dans le changement de son outillage, s'est laissée dépasser par l'Autriche. Mais depuis une dizaine d'années nous améliorons notre mécanisme à vapeur; la création d'une quinzaine d'usines perfectionnées nous permettra sans doute de reprendre le premier rang que nous n'aurions jamais dû perdre. Nous avons toutefois beaucoup à faire encore, et surtout à nous persuader que nous ne devons pas nous attarder à la fabrication de l'article de fantaisie, mais nous attacher à celle du bouton qui est de grande consommation, d'exportation assurée, alors que la fantaisie est de demande passagère.

Cette consommation, qui se développe dans de grandes proportions, occupe aujourd'hui d'une façon permanente 10,000 à 12,000 ouvriers et ouvrières.

L'importation du bouton de nacre en France est de quantité insignifiante et ne compte que pour les boutons de gants que produit la Bohême.

Dans cette situation, nous considérons que tout changement dans le tarif de douane en vigueur ne pourrait être que nuisible à notre développement industriel.

Nous devons, en finissant cet exposé d'une industrie aussi riche et aussi prospère, revenir sur ce que nous disions au sujet de la pêche perlière : la nécessité d'assurer une réglementation raisonnée pour l'exploitation des bancs, qui nous rassure contre leur épuisement. Or, la coquille n'atteint son maximum de grandeur qu'au bout de quatre ou cinq ans ainsi qu'a pu l'établir M. Bouchon-Brandely, envoyé il y a cinq ans, par le Gouvernement, en mission à Taïti, pour étudier l'état de nos pêcheries en Océanie. Il importe donc d'aménager les bancs de manière à assurer aux mollusques la tranquillité dans la reproduction et dans la croissance et de fixer pour cela des époques septennales pour l'exploitation. Cette mesure de police seule sera efficace; celle qui a été promulguée, et qui consiste à ne permettre la pêche que des coquilles ayant au moins 0 m. 20 de diamètre et 200 grammes de poids, est tout à fait illusoire. Le pêcheur, en effet, ne peut faire un choix dans les profondeurs où il travaille et il est inutile d'espérer que la garde de nos pêches lointaines puisse être assurée par le respect d'une réglementation pareille.

TABLEAU DES EXPOSANTS PAR NATIONALITÉ.

Nombre d'exposants inscrits.. 16

Nombre d'exposants récompensés.. 13

PAYS.	COLLABORATEURS.	HORS CONCOURS.	GRANDS PRIX.	MÉDAILLES D'OR.	MÉDAILLES D'ARGENT.	MÉDAILLES DE BRONZE.	MENTIONS HONORABLES.	NON RÉCOMPENSÉS.	PAS ARRIVÉS, PAS JUGÉS.	RENVOYÉS À D'AUTRES CLASSES.	RETIRÉS.	NOMBRE des EXPOSANTS par NATIONALITÉ	
												INSCRITS.	RÉCOMPENSÉS.
France	″	″	1	1	1	″	″	″	″	″	″	3	3
Colonies	″	″	″	″	″	1	2	1	″	″	1	5	3
République Dominicaine	″	″	″	″	″	″	″	″	″	″	″	1	1
Espagne	″	″	″	″	1	″	″	″	″	″	″	1	1
États-Unis	″	″	″	1	″	″	″	″	″	″	″	1	1
Japon	″	″	″	″	″	″	1	″	″	″	″	1	1
Mexique	″	″	″	″	″	″	1	″	″	″	″	1	1
Nicaragua	″	″	″	″	″	″	2	″	″	″	″	2	2
Salvador	″	″	″	″	″	″	″	″	″	″	1	1	″
TOTAUX	″	″	1	2	2	1	7	1	″	″	2	16	13

LISTE DES EXPOSANTS.

BLOCH aîné	Perles et mi-perles	France.
A. DEGOUY	Nacre brute et travaillée	France.
C.-T.-A. FALCO	Perles et coquilles perlières	France.
E. HUREAUX	Coquillages	Martinique.
GOUPIL	Coquillages, huîtres perlières	Tahiti.
C. VIENOT	Coquillages et nacre	Tahiti.
COMMISSION PROVINCIALE DE SAN PEDRO MACORIS	Coquilles	Rép. Dominicaine.
C. LABARBE et Cie	Nacre	Espagne.
TIFFANY et Cie	Perles américaines	États-Unis.
KATSUMA DOHI	Coquillages	Japon.
GOUVERNEMENT DE L'ÉTAT DE TABASCO	Nacre et coquilles	Mexique.
M. le Ministre F. MEDINA	Pierres marines	Nicaragua.
Mlle Carmen MEDINA	Coquillages	Nicaragua.

Les exposants qui suivent ont été récompensés dans d'autres catégories ressortissant à la classe 43.

Exposition permanente	Huîtres perlières	Colonies.
Pénitencier de l'Île des Pins	Coquillages	Nouvelle-Calédonie.
Direction des travaux publics	Nacre	Tunisie.
J. et O. G. Pierson	Nacre	Pays-Bas.
Département de La Libertad	Coquillages	Salvador.
Département de La Paz	Coquillages	Salvador.

LISTE DES RÉCOMPENSES.

GRAND PRIX.

M. C.-F.-A. Falco, à Paris.

Président de la chambre syndicale des négociants en diamants, pierres précieuses et lapidaires, il expose une remarquable collection de perles fines et de coquilles perlières de toutes pêcheries.

M. Falco a appelé l'attention du jury :

1° Sur la réunion rare de ses huîtres perlières, lesquelles contiennent toutes des formations de perles ou des perles adhérentes. Une semblable collection n'a jamais figuré dans une exposition, et pour la première fois le public peut se faire une idée de la formation de la perle.

2° Sur un échantillon de la production simultanée de la perle blanche et de la perle noire;

3° Sur la collection de perles de la pêcherie de Panama. Ces 7 perles, d'une valeur de 200,000 fr., forment un assemblage extraordinaire. Parmi elles, celle de 73 grains, absolument ronde, est une pièce unique comme réunissant, pour cette grosseur, la perfection de la forme, de la blancheur et de l'orient.

4° Sur les pêcheries du golfe Persique et d'Australie, représentées par des colliers de qualité supérieure et de différentes grosseurs. Le commerce des perles fines a pris depuis une dizaine d'années une grande importance. La découverte des mines de diamants du Cap, qui a amené une crise sensible dans les prix du diamant, a porté le goût des acheteurs vers la perle fine, mais il fallait attirer en France une partie de cette industrie qui se faisait presque exclusivement en Angleterre. Plusieurs maisons françaises ont fait cette tentative et plus particulièrement les deux qui figurent à l'exposition actuelle, classe 43. M. Falco, entré dans les affaires en 1863, a, par ses voyages personnels dans toute l'Europe, et notamment à Porto et à Nijni-Novgorod, progressivement décuplé son chiffre d'affaires. C'est là un résultat dont nous devons savoir gré à notre compatriote.

Nous croyons pouvoir affirmer que, grâce à l'activité de M. Falco et de ses concurrents français, ainsi qu'au bon goût de nos montures, le marché des perles se trouve maintenant en France et non plus en Angleterre ou en Allemagne.

MÉDAILLES D'OR.

M. Bloch aîné, à Paris.

M. Bloch présente une vitrine de perles fines dans laquelle se trouve réunie une admirable collection de perles fines de tous genres.

D'abord à signaler une série unique de colliers depuis les grosseurs les plus rares jusqu'aux dimensions courantes ou, pour parler en termes techniques, de 70 grains jusqu'à 1/8 de grain.

Une analyse de cette collection de colliers est difficile; parler de tous serait long, et n'en citer que quelques-uns serait peu; néanmoins deux colliers surtout sont à noter, l'un de 103 perles, pesant 1,570 grains et dont les perles du centre pèsent chacune plus de 60 grains, est admirable et unique en son genre.

Si l'on veut bien se persuader que la perle, surtout de ces dimensions, ne se trouve pas facilement, on se figurera aisément quelle quantité de perles a dû passer par ses mains pour pouvoir faire le choix d'une collection pareille de perles de même forme et dont la couleur et la qualité soient aussi parfaites; ce collier est estimé 350,000 francs.

Un autre collier, estimé 200,000 francs, de trois rangs composés de 165 perles, pesant 1,680 grains, d'une couleur et d'une régularité parfaites, mérite aussi d'être signalé.

A côté de ces colliers, M. Bloch aîné présente un choix de perles diverses de dimensions; à signaler trois ou quatre écrins montrant des perles de grandeurs graduées pouvant servir de base et point de départ à des colliers ou bracelets.

Aussi plusieurs écrins de perles appairées pour boutons d'oreilles, les unes de couleur rosée, d'un orient parfait, les autres d'un blanc irisé que seule peut atteindre la perle fine.

Notons une perle grise de près de 60 grains et deux perles noires pesant ensemble plus de 72 grains. Une perle-bouton blanche, parfaite de couleur, de 60 grains.

Ces perles proviennent des pêcheries de Taïti pour les deux perles noires, du golfe du Mexique pour la perle grise et du golfe Persique pour la généralité des perles blanches.

Outre le commerce des perles fines, colliers, pour lequel la maison Bloch aîné est au premier rang et qui se chiffre par plusieurs millions, M. Bloch a attiré en France l'industrie consistant à scier les perles pour en faire des demi-perles qui servent à orner cette bijouterie française dont l'éloge n'est plus à faire, et si l'or et l'argent entrent comme matières premières, la demi-perle tient largement la seconde ligne.

Cette industrie était autrefois complètement anglaise pour les emplois d'Angleterre et d'Amérique, et allemande pour les emplois d'Allemagne et du reste de l'Europe; grâce aux efforts des négociants français et surtout de M. Bloch, qui occupe actuellement 60 à 80 ouvrières, cette industrie n'est plus, aujourd'hui, tributaire de l'Allemagne et de l'Angleterre, et, de plus, elle fournit la majeure partie ou au moins les trois quarts de l'emploi des autres pays.

MM. Tiffany and C°, à New-York.

Cette maison, qui dans un ordre d'idée général sera certainement portée pour un diplôme d'honneur par nos collègues des autres classes, a fait faire à ses frais des recherches considérables sur les perles d'eau douce et huîtres perlières des mers, côtes et fleuves américains. Ces perles de forme, de couleur et d'orient sensiblement différents des perles d'Océanie et du golfe du Mexique, ont été très habilement mises en valeur par la maison Tiffany au grand profit de l'industrie nationale américaine de la bijouterie et tout particulièrement de l'orfèvrerie.

MÉDAILLE D'ARGENT.

M. A. Degouy, à Paris.

Médaille unique (bronze) en 1878. Maison fondée en 1817. Importation de coquilles de tous pays, les transforme en articles très variés et spéciaux pour bains de mer, pèlerinages, etc. Sa vitrine était fort bien faite pour donner une idée complète de son industrie. M. Degouy a eu à soutenir une lutte acharnée contre la concurrence allemande qu'il est arrivé à vaincre grâce à de nombreux perfectionnements apportés dans son outillage. Membre du jury à l'Exposition du travail de Paris (1885).

Dans cette industrie il nous a déclaré, lui-même, que le plus fort était celui qui savait le mieux faire usage de tous les déchets, ce qui implique qu'il faut posséder son métier pratique à fond, c'est-à-dire être véritablement un bon industriel en même temps qu'un bon commerçant. Cette maison progressera certainement encore.

Le jury de la classe 43 lui a accordé la médaille d'argent avec la cote 15.

CORAIL.

Le corail est une production marine animale, de nature calcaire et de forme rameuse, qui se rencontre, en bancs d'une très grande étendue souvent, sur un grand nombre de points du globe. C'est ainsi que la plupart des États de l'Amérique centrale nous ont présenté des échantillons des produits retirés de la mer des Antilles. Mais le centre principal de l'exploitation du corail est le bassin de la Méditerranée et particulièrement la longue ligne de côtes qui s'étend de La Calle au golfe de Gabès.

La pêche du corail, que des traités anciens avec le bey de Tunis avaient réservée aux Français sur toutes les côtes de la Régence, est devenue en fait un monopole des Italiens. Ils y excellent grâce à leur énergie dans cette pêche très laborieuse et par l'intelligence avec laquelle ils exploitent les bancs soumis, comme le seraient des forêts, à un aménagement justifié par la croissance annuelle du corail. Ce sont également les ouvriers italiens de Naples, de Livourne et de Gênes qui tiennent le premier rang pour la taille de cette matière première.

La valeur du corail est déterminée par la forme, la grosseur et la pureté des rameaux, et est variable suivant la couleur du produit. Le corail *mort* ou pourri provenant des racines vaut de 5 à 20 francs; le corail noir, du fond, modifié par les vapeurs sulfureuses et qui est employé aux bijoux de deuil, vaut de 12 à 15 francs; le corail, en caisse, de toutes grosseurs, tel qu'il est rapporté de la pêche, se vend de 40 à 70 francs; le corail blanc, dont la couleur est attribuée à une maladie du zoophyte, est le plus précieux. Parmi les coraux rouges, on distingue ceux *écume de sang*, *fleur de sang*, *premier*, *deuxième* et *troisième sang*.

Il est difficile d'apprécier actuellement l'importance industrielle de la fabrication et le bénéfice commercial qu'on en tire, car ce marché est essentiellement soumis aux fluctuations de la mode qui, depuis plusieurs années, ne favorise pas ce produit. En Europe il n'est guère employé que pour la bijouterie commune. Mais l'importation dans les pays d'Orient est restée considérable autant pour les ornements des femmes que pour les chapelets musulmans les plus riches, formés de boules précieuses en corail uni rose.

La beauté de la taillerie du corail italienne mérite la plus sérieuse estime, et nous ne doutons pas que la faveur des gens de goût remettra bientôt au rang qu'elle mérite la bijouterie de luxe en corail.

ÉPONGES.

Les éponges, qui font partie du dernier embranchement du règne animal, sont un produit maritime; elles se présentent comme une masse criblée d'ostioles ou orifices, de consistance cornée et élastique, fixée à des rochers ou à des coquilles. L'éponge est le squelette d'un animal protozoaire, l'être vivant étant constitué par une matière visqueuse enveloppant le squelette, pénétrant dans toutes ses anfractuosités et animée de mouvements de contraction et d'expansion. Les éponges d'eau douce ou spongilles, dont le mode de reproduction est le même, ne sont l'objet d'aucun usage industriel.

Les éponges se recueillent dans un grand nombre de mers et se distinguent suivant leur provenance. Les plus estimées sont retirées du bassin de la Méditerranée et sont connues sous le nom d'éponges de Syrie, de Bengazhi Madrouka, en Tripolitaine, des Sporades, des Cyclades, de Chypre, dont l'exportation se fait surtout en Angleterre et aux États-Unis, de Tunisie; elles représentent une valeur commerciale de près de 8 millions de francs. Les sortes de Cuba ou de la Havane, de Bahama, de Key-West, en Floride, du Honduras, du Yucatan figurent dans la consommation pour une valeur de 2 à 3 millions; l'exploitation des pêcheries de Cuba prend une importance croissante à raison du bon marché de leurs produits et de leurs qualités similaires à celles de l'éponge dite *de Venise.*

Les éponges de luxe, la fine douce de Syrie et la fine douce de l'Archipel, sont employées telles qu'elles proviennent de la pêche. Leur forme conique, hémisphérique et surtout leurs qualités de douceur et de velouté les font particulièrement apprécier pour la toilette et pour les applications thérapeutiques qui trouvent dans ces éponges, grâce à leur élasticité, un agent précieux pour la dilatation des tissus. Les autres espèces sont soumises à des préparations indispensables pour les blanchir, les assouplir et les débarrasser de l'odeur désagréable que contient la matière brute. Ces espèces sont connues sous les appellations suivantes : éponge fine dure, dite *grecque;* éponge blonde de Syrie ou blonde de l'Archipel, dite *de Venise* ou *éponge de bains,* dont le toucher paraît savonneux; éponge gélive qui vient des côtes de Barbarie; éponge brune de Barbarie, dite *de Marseille,* précieuse comme la précédente pour les gros usages industriels et domestiques, et l'éponge de Salonique, aplatie, unie, grisâtre, au tissu serré et peu élastique.

Ces genres divers, qui reçoivent l'appellation générique *d'éponges du Levant,* ont Marseille comme port de transit principal; Trieste en est aussi un marché important. Quant aux espèces tirées de la mer des Antilles, en dehors de ce qu'en consomment l'Angleterre et les États-Unis, elles arrivent, en majeure partie, dans les ports du Havre et de Saint-Nazaire où les transatlantiques en déchargent chaque mois environ 200 balles de 60 à 80 kilogrammes, pressées comme des balles de coton.

La pêche se fait, suivant les pays, par des plongeurs et à la main, avec des tridents emmanchés de longues perches appelées *kamaki,* avec des filets nommés *kangawa* qui, comme pour la pêche du corail, râtissent le fond et ont le tort de détruire les bancs, ou à l'aide de scaphandres.

Les éponges de Syrie, qui sont les plus renommées, se recueillent à la main, sans instruments, par des plongeurs, enfants ou jeunes gens la plupart, dont le salaire annuel va jusqu'à 1,000 francs; ils descendent dans des fonds de 10 à 60 mètres et, pendant leurs plongées dont la durée ne dépasse pas sans danger 80 secondes, arrachent les éponges et les recueillent dans des filets placés autour de leur taille. Une flotte de près de 300 bateaux de 6 à 7 mètres de longueur, montés par 1,500 marins, est affectée, de juin à octobre, à cette pêche qui est surtout fructueuse sur les bancs renommés d'Alexandrette au Mont-Carmel.

L'usage du scaphandre, après essai, a été délaissé à cause des difficultés que les grosses manches de toile des scaphandriers apportent à la cueillette.

Les deux tiers de la récolte sont achetés par des marchands du pays pour être importés en Europe; l'autre tiers est accaparé par les négociants français qui trouvent marché pour les espèces ordinaires en Angleterre et en Allemagne. Ces récoltes sont grevées d'un impôt prélevé par le Gouvernement turc et qui est le dixième du prix payé par les marchands aux plongeurs.

La pêche des bancs tunisiens, dont les produits sont très appréciés, a été affermée par le Gouvernement du bey à la maison française Colombel et Devismes. Cette maison et celle de MM. de Mercier et Cie sont les principaux représentants de ce commerce dont l'importance est très considérable pour la France et qui est croissante dans les divers pays.

Jusqu'ici la France est le seul pays qui ait imposé un droit à l'entrée des éponges brutes; il est de 40 francs les 100 kilogrammes pour les provenances d'Europe et de 35 francs pour les autres espèces. Cette fiscalité constitue une entrave considérable pour la réexpédition des éponges brutes et préparées et nous affaiblit devant la concurrence dangereuse de l'Angleterre, de l'Allemagne, de l'Italie, de la Hollande, de la Belgique et de la Suisse. Nous devons donc souhaiter l'exemption complète de tous droits d'entrée de la matière première brute, assurés que l'habileté que notre industrie sait apporter à la préparation des éponges doublerait, triplerait même avant peu le chiffre de nos affaires.

TABLEAU DES EXPOSANTS PAR NATIONALITÉ.

Nombre d'exposants inscrits 13
Nombre d'exposants récompensés 9

PAYS.	COLLABORATEURS.	HORS CONCOURS.	GRANDS PRIX.	MÉDAILLES D'OR.	MÉDAILLES D'ARGENT.	MÉDAILLES DE BRONZE.	MENTIONS HONORABLES.	NON RÉCOMPENSÉS.	PAS ARRIVÉS, PAS JUGÉS.	RENVOYÉS À D'AUTRES CLASSES.	RETIRÉS.	NOMBRE des EXPOSANTS par NATIONALITÉ	
												INSCRITS.	RÉCOMPENSÉS.
France	″	″	″	1	2	″	″	″	″	″	″	3	3
Colonies	″	1	″	″	1	″	″	″	″	″	2	4	1
Espagne	″	1	″	″	″	″	″	″	″	″	″	1	″
États-Unis	″	″	″	1	″	″	″	″	″	″	″	1	1
Grèce	″	″	″	″	″	1	1	″	″	″	″	2	2
Guatemala	″	″	″	″	″	″	1	″	″	″	″	1	1
Pays-Bas	″	″	″	″	″	1	″	″	″	″	″	1	1
TOTAUX	″	2	″	2	3	2	2	″	″	″	2	13	9

LISTE DES EXPOSANTS.

A. BARIGNY	Éponges	France.
Veuve J.-P. BRUN et fils	Éponges en gros	France.
DE MERCIER et Cie	Éponges en gros	France.
RAVAL et fils	Coraux bruts et ouvrés	Algérie.
PLANT, JACKSONVILLE, TAMPA AND KEY WEST SYSTEMS	Éponges de leurs pêcheries	États-Unis.
A. TETZIS	Éponges	Grèce.
C. VOYANTZIS	Éponges	Grèce.
Salvador ESCOBAR	Coraux	Guatemala.
A. DE HAAS jeune	Ép^ges des Indes occidentales	Pays-Bas.

LISTE DES RÉCOMPENSES.

MÉDAILLES D'OR.

MM. DE MERCIER et Cie, à Paris.

L'origine de cet établissement remonte à plus d'un demi-siècle. Le premier, il a introduit et vulgarisé en France l'éponge pêchée dans les mers des Antilles et dans l'archipel des Bahamas.

Les pêcheurs de ces îles soupçonnaient depuis de nombreuses années l'existence de très riches bancs d'éponges dans le voisinage de la grande île de Cuba, si privilégiée de la nature qu'on l'a surnommée *la reine des Antilles*. On sait que quelques petits ports situés sur la côte nord de cette île ont de tout temps exporté quelques lots d'éponges, que les pêcheurs de poissons et de tortues leur apportaient, en échange de verres et autres provisions; cependant, ce commerce a passé inaperçu à Cuba jusque dans ces dernières années.

La première tentative d'exploration sérieuse n'y a été faite que vers l'année 1876, par les promoteurs de la Compagnie d'importation d'éponges et produits de la mer, sous le patronage de plusieurs notabilités appartenant au monde politique et financier espagnol.

Après une campagne de plusieurs mois, l'existence de nombreux bancs d'éponges dans les eaux de l'île de Cuba ne fit plus de doute, et une Compagnie française fut constituée sous le titre de *Compagnie d'importation d'éponges et produits de la mer*.

Cette Compagnie fut la première à donner un élan à ces pêcheries; elle fit connaître les éponges de Cuba au commerce français et européen; elle créa cette industrie à Cuba; elle fut, en un mot, l'inspiratrice et la promotrice d'une production nouvelle que les habitants du pays étaient loin de soupçonner.

Le port de Batabans, à proximité de la Havane, relié à cette ville par un chemin de fer qui en fait le trajet en deux heures, était géographiquement indiqué comme port d'attache pour des pêcheries nouvelles.

Batabans n'était, il y a quelques années encore, qu'un centre de commerce insignifiant. Aujourd'hui, grâce à la pêche des éponges, il est devenu le marché officiel de ce produit dans l'île de Cuba.

L'exportation annuelle d'éponges par l'île de Cuba dépasse aujourd'hui 800,000 kilogrammes, dont deux tiers rien que par ce port de Batabans et l'autre tiers par les ports de Nuevitas, Santa Cruz, etc. Plusieurs maisons de Paris, de New-York et de Londres y ont établi des comptoirs, mais la Compagnie en question y a conservé le pied le plus important; elle jouit d'une très grande popularité dans le pays, où tout le monde se plaît à reconnaître que c'est grâce à elle que cette industrie, qui procure du travail à toute cette population jadis si pauvre et déshéritée, a pris un si grand développement.

MM. de Mercier et Cie n'ont pris une part active dans l'entreprise qu'à partir de 1885, époque à laquelle la Compagnie est devenue leur propriété.

Ils continuent la pêche sur d'autres points de l'île, dans le voisinage de Nuevitas, sur la côte nord, à Cayo-Cruz et à Cayo-Romano.

L'île de Cayo-Cruz, d'une superficie d'environ 6,000 hectares, est située à proximité de Nuevitas; elle paraît bien remplir les conditions voulues pour y établir des pêcheries sur une grande échelle. Cette île appartient entièrement à MM. de Mercier et Cie, qui y ont fait construire des habitations, magasins, quais, ce qui, avec leur flottille d'une centaine de barques et canots, offre ainsi aux pêcheurs l'abri et l'outillage nécessaires à leurs travaux. Les terrains de Cayo-Cruz sont propres à certaines cultures : cocotiers, plantes textiles et oléagineuses. MM. de Mercier et Cie emploient une partie de leur personnel à ces cultures et Cayo-Cruz sera dans peu d'années une colonie florissante.

Jetons maintenant les yeux sur une carte de Cuba : l'œil suit la configuration de ses côtes, le relief de son sol, le tracé des voies de communication, et Cayo-Romano vous frappe de suite, tant par sa position dominante à l'entrée du golfe du Mexique que par son étendue considérable et la sinuosité de ses rivages.

La plus grande des îles de Cuba après celle des Pins, qui est marécageuse et au loin sur la côte méridionale, Cayo-Romano, avec ses terres d'alluvions, est partout d'une prodigieuse fertilité, déjà renommée par sa végétation exubérante et enviée dans les Antilles pour tous les privilèges que la nature y a accumulés. En effet, la vie animale et végétale y est intense et son sol, arrosé pendant de longs mois par les pluies bienfaisantes des tropiques, recèle les produits les plus précieux et les plus abondants, qu'il ne s'agit plus maintenant que d'utiliser.

Le climat y est excellent; la chaleur est tempérée par les brises rafraîchissantes de l'Océan, et la grande facilité de pouvoir si facilement transporter au loin ses viandes, ses cuirs, ses bois, ses récoltes de toutes sortes et aussi ses minerais, permet de faire entrevoir pour cette jeune colonie le plus brillant avenir.

On peut bien le dire : l'acquisition de cette grande et superbe île par MM. de Mercier et Cie constitue pour ces hardis pionniers une véritable victoire, conquête pacifique qui étend les domaines de l'homme et de son industrie et où il n'y a de vaincu que les difficultés.

MM. de Mercier et Cie vendent et livrent des éponges de toute provenance; toutefois, leur spécialité est l'éponge de Bahamas et de Cuba.

Le Gouvernement espagnol a su reconnaître les services rendus au commerce et à l'industrie par cette maison, et l'un de ses chefs est décoré d'Isabelle la Catholique et l'autre de Charles III.

The Plant and Jacksonville, Tampa and Key West Systems, à Sandford (Floride, États-Unis).

Compagnie commerciale pour l'exploitation de tout commerce de la Floride. Accuse une flotte de 100 vapeurs et voiliers chargés de ses transports et de la recherche des matières constituant ces transports. Pratique entre autres la pêche de l'éponge; en a livré pour 3,250,000 francs à la consommation durant l'année 1888.

ÉCAILLES DE TORTUE.

L'écaille de tortue est cette substance d'apparence cornée, à la couleur imbriquée et jaspée, qui recouvre la carapace d'une tortue marine, le *caret.* Cette espèce de reptile, d'une couleur brune mêlée de taches roussâtres et irrégulières, est recouvert dans toute sa longueur, qui est d'un demi-mètre environ, d'une double cuirasse; le disque en est formé de treize plaques et le plastron de douze; ce sont les plaques du disque qui fournissent l'écaille. Le caret se rencontre principalement en Amérique et dans l'océan Indien.

Du disque, placé devant le feu, se détachent les plaques qui constituent l'écaille du commerce. Une carapace en fournit de 1 à 2 kilogrammes. Ces plaques, mises dans l'eau chaude, se ramollissent, sont mises dans un moule et comprimées à la presse. Après la façon, l'ouvrier leur donne le poli.

Chaque climat fournit une écaille différente : celle de Chine et de Manille, la plus estimée après l'écaille blonde, est épaisse, peu flexible, presque noire, marquée de jaspures jaune pâle et vineuses à la lumière; celle d'Amérique, dont les feuilles sont plus grandes et plus épaisses, est rougeâtre par transparence et à grandes jaspures. La moins estimée est celle de Bombay, dite *écaille d'Égypte,* dont les feuilles sont plus petites, plus terreuses et sujettes à se dédoubler.

Toutes ces écailles, comme nous l'avons dit, se redressent facilement, sont très plastiques à la chaleur, peuvent se souder en épaisseur et en longueur. Les déchets et rognures servent à faire l'écaille fondue pour la fabrication des objets communs, surtout de l'article de Paris, dont il est malaisé de fixer le chiffre d'exportation.

La principale affectation de l'écaille est celle des peignes, lorgnons, éventails, bonbonnières, tabatières, placages.

La valeur de la matière a provoqué beaucoup d'imitations en corne teinte, en caoutchouc durci. On a pu craindre un instant que l'imitation en celluloïd fasse subir une diminution de prix à la vraie écaille, mais le contraire s'est produit et la matière est plus chère que jamais. La belle écaille blonde, tant estimée pour la fabrication des éventails et des faces-à-main, a même atteint presque le prix de l'or.

L'importation de cette belle matière, qui nous vient principalement de la Havane, du Centre-Amérique, des Indes néerlandaises, de l'Australie et de Maurice, est restée à peu près stationnaire en France et peut se chiffrer à 25 ou 30 millions de kilogrammes, d'une valeur d'environ 1 million de francs. L'importation directe en France dépasse un peu la moitié de cette quantité.

TABLEAU DES EXPOSANTS PAR NATIONALITÉ.

Nombre d'exposants inscrits 11
Nombre d'exposants récompensés 8

PAYS.	COLLABORATEURS.	HORS CONCOURS.	GRANDS PRIX.	MÉDAILLES D'OR.	MÉDAILLES D'ARGENT.	MÉDAILLES DE BRONZE.	MENTIONS HONORABLES.	NON RÉCOMPENSÉS.	PAS ARRIVÉS, PAS JUGÉS.	RENVOYÉS À D'AUTRES CLASSES.	RETIRÉS.	NOMBRE des EXPOSANTS par NATIONALITÉ: INSCRITS.	NOMBRE des EXPOSANTS par NATIONALITÉ: RÉCOMPENSÉS.
Colonies	//	//	//	//	1	1	1	1	//	//	//	4	3
République Argentine	//	//	//	//	//	//	//	2	//	//	//	2	//
République Domicaine	//	//	//	//	//	1	//	//	//	//	//	1	1
Espagne	//	//	//	//	//	//	1	//	//	//	//	1	1
Mexique	//	//	//	//	1	//	//	//	//	//	//	1	1
Nicaragua	//	//	//	//	//	1	//	//	//	//	//	1	1
Pays-Bas	//	//	//	//	//	1	//	//	//	//	//	1	1
TOTAUX	//	//	//	//	2	4	2	3	//	//	//	11	8

LISTE DES EXPOSANTS.

JACQUEMIN .... Écaille de tortue .... Cochinchine.
PLANTÉ .... Carapaces .... Cambodge.
DIRECTION DES TRAVAUX PUBLICS .... Écailles .... Tunisie.
Cosme BATTLE .... Écailles .... Rép. Dominicaine.

Camera di Comercio di Manila	Écailles	Espagne.
Gouvernement de l'État de Yucatàn.	Écaille de tortue	Mexique.
Daniel Sacaza	Feuilles d'écaille brutes	Nicaragua.
J. et O. G. Pierson	Écaille de tortue	Pays-Bas.

Les exposants qui suivent ont été récompensés dans d'autres catégories ressortissant à la classe 43.

Exposition permanente des colonies.	Carapaces de tortue	Colonies.
Doc Phu Phong	Carapaces	Cochinchine.
Leona Pecqueur	Écaille, carapaces	Gabon-Congo.
J. A. Medina	Carapaces	Rép. Argentine.
Boris frères	Écaille	Brésil.
Labarre et Cie	Écaille	Espagne.
Commission de Cumana	Écaille	Vénézuéla.

BALEINES. — PÊCHE ET EMPLOI.

La baleine qui nous fournit le fanon était pêchée dès le XVIIIe siècle dans les mers du Sud, au cap Horn. Elles y étaient abondantes et fournissaient, par la vente de l'huile surtout, une exploitation prospère à nos armateurs de Dunkerque, Calais et Boulogne avec lesquels rivalisaient les Anglais.

Les fanons étaient d'un prix modique et n'étaient guère utilisés que pour les montures de parapluies. La robe et le corset en employaient peu.

La richesse des régions patagoniennes diminua considérablement à partir de 1850, soit que la poursuite des baleines eût été trop âpre et, se portant sur les jeunes comme sur les vieilles, eût tari la reproduction, soit que ces cétacés eussent abandonné ces parages. Nos armateurs durent se rejeter sur une autre espèce de baleines fréquentant le golfe de Gascogne et dénommée *baleine des Basques*. Plus petites que celles des mers du Sud, elles produisaient moins d'huile et livraient des fanons contournés et trop courts qui ne répondaient pas aux besoins commerciaux.

A l'époque où les baleines du cap Horn se raréfièrent, les Américains rencontrèrent au détroit de Behring une grande abondance de baleines semblables à celles des mers australes. Ils en entreprirent aussitôt la pêche et se trouvent être aujourd'hui en pleine possession des marchés de la matière dont le prix n'a fait que croître depuis une vingtaine d'années. Le fanon de baleine, dont le kilogramme se vendait de 3 à 4 francs il y a trente ans, vaut aujourd'hui de 40 à 50 francs.

Les armateurs américains ont San-Francisco comme port d'attache. Leurs navires, solidement construits et spécialement aménagés, sont montés par 100 à 200 hommes d'équipage. Ils appareillent vers le mois de mars et s'engagent dans les mers boréales jusque dans les glaces qui souvent les retiennent prisonniers. De mars à septembre, ils stationnent en observation attendant le passage des baleines qui sont chassées par la débâcle des glaces. A l'ancien et très périlleux harponnage à la main qu'osaient de hardis marins portés sur un canot jusqu'aux flancs de la bête, on a généralement substitué le harpon lancé par un canon.

Le retour à San-Francisco a lieu en novembre et décembre. On procède aussitôt au nettoyage des fanons qui arrivent très sales et à la confection de paquets de 50 kilogrammes où se trouvent mélangés les courts et les longs. L'expédition en est faite sur New-York où se trouve concentré le marché de la baleine dont de puissantes compagnies se portent acquéreurs. Cette pêche boréale est bien moins productive que l'ancienne pêche australe et c'est ce qui explique l'élévation si considérable du prix de la matière première qui a cessé d'alimenter la fabrication des parapluies.

La robe et le corset consomment exclusivement aujourd'hui la baleine, mais dans la fabrication de choix seulement, la corne et l'acier étant employés pour la confection ordinaire.

La baleine des mers du Nord produit un fanon noir légèrement veiné de blond. Les anciens fanons d'un blond doré que fournissaient souvent les baleines australes sont introuvables aujourd'hui; nous n'en avons trouvé un échantillon que dans la vitrine de la maison Chanudet à titre de pièce rare de collection.

Les Américains pêchent encore au nord du Japon une baleine qui fournit un fanon plus fort, plus dense que celui des mers arctiques; il est plus spécialement employé dans la fabrication des cannes et fouets en baleine.

La matière première, amenée par les transatlantiques, arrive brute à l'atelier. Elle est plongée dans une chaudière où elle cuit pendant vingt-quatre heures. Cette cuisson amène un ramollissement qui permet de couper à chaud pour les diverses applications. Après cette coupe, on fait sécher pendant une quinzaine de jours, puis on livre la baleine au façonnage qui autant que possible est fait à la main. C'est la nécessité de ce tour de main, d'où dépend la solidité et l'élasticité du produit, qui a assuré à nos habiles ouvriers le premier rang dans la fabrication. La baleine est composée d'un tissu de fils en long réunis et couverts par une matière celluleuse qui lui donne sa cohésion. Or la concurrence allemande, tenant plus à l'œil et à la régularité qu'à la qualité, coupe la baleine à la machine sans s'inquiéter de suivre les fils du fanon comme nous le faisons en France. Les machines qu'ils emploient tranchent brutalement ces fils et rendent ainsi la baleine cassante. C'est grâce à cette différence de fabrication que la France a pu lutter avec l'Allemagne sur plusieurs marchés étrangers que celle-ci avait accaparés, entre autres la Belgique, la Suisse, l'Autriche et la Russie.

En dehors de la fabrication pour la robe et le corset, et qui est la principale, la baleine est employée pour l'industrie de la guêtre, des instruments de chirurgie et de musique, des cannes et manches de fouets.

Regrettons que de toutes les fabriques de baleine véritable tant en France qu'à l'étranger la maison Chanudet, qui est, il est vrai, la plus importante, ait seule pris part à l'Exposition.

TABLEAU DES EXPOSANTS PAR NATIONALITÉ.

Exposant inscrit	1
Exposant récompensé	1
France, médaille d'argent	1

EXPOSANT.

E. Chanudet. — Véritable baleine .... France.

HUILES ET GRAISSES DE POISSONS.

Les huiles et graisses de poissons sont utilisées particulièrement pour la préparation des cuirs; elles représentent pour la France seule, et pour cet objet, une consommation de près de 6 millions de kilogrammes. Ces produits sont fournis par un assez grand nombre de poissons : la baleine, le cachalot, la morue, le phoque, le hareng américain ou *pouggee* et diverses espèces des mers du Japon.

L'huile de baleine est extraite d'une membrane spongieuse d'une épaisseur de 0 m. 25 à 0 m. 50 entourant l'animal qui, de belle dimension, en fournit jusqu'à 100,000 kilogrammes, la langue seule en donnant 3,000 kilogrammes et la lèvre inférieure 2,000 kilogrammes. Elle doit être livrée au commerce bien clarifiée, jaunâtre, faisant peu de dépôt, d'odeur non fétide. Ces huiles sont classées en huiles de baleine : *Nord,* valant de 70 à 80 francs les 100 kilogrammes; *Sud,* valant de 65 à 72 francs; et de *Bahia,* qui provient d'une petite baleine des côtes du Brésil, valant de 55 à 60 francs. La pêche américaine en produit, suivant les années, de 1,700,000 jusqu'à 3,500,000 kilogrammes. L'huile de baleine sert aussi à la fabrication du savon noir et à la détrempe des couleurs.

L'*huile de cachalot,* extraite par les mêmes procédés que pour la baleine, est employée au graissage des machines. D'un blond clair sans résidus, elle est bien plus rare que l'huile de baleine et d'un prix beaucoup plus élevé. L'*huile de morue* sert aux mêmes usages que l'huile de baleine. Celle tirée des foies, séchés au soleil et amenés à l'état de putréfaction, est d'un usage bien connu en médecine grâce à l'abondance d'iode qu'elle renferme. L'huile de morue, qui vaut de 50 à 60 francs les 100 kilogrammes, provient surtout du banc de Terre-Neuve d'où chaque année les navires de toutes nations rapportent jusqu'à 40 millions de morues.

L'*huile de phoque* possède à peu près la propriété de l'huile de baleine et est employée aux mêmes usages, mais avec moins de faveur, car on lui reproche d'être d'une nature sèche, peu grasse. La production en est de 1,600,000 kilogrammes environ. L'*huile de menhaden* est produite par le pouggee, poisson que l'on rencontre le long de la côte orientale de l'Amérique du Nord vers le mois de mai. Le pouggee ressemble au hareng; il est tellement gras qu'on ne peut l'employer pour l'alimentation, mais seulement pour faire de l'huile.

Cette huile a largement suppléé aux États-Unis les huiles de morue et de baleine pour la corroirie. L'enfutaillement habituel de ce produit est le baril à pétrole de 150 kilogrammes.

Huiles du Japon. — Ces huiles sont très délaissées de la consommation; étant siccatives de leur nature, elle produisent un mauvais effet à l'emploi.

Signalons encore, exposées par M. Sauvage, directeur de l'institut aquicole de Boulogne, des huiles de foies de raie, de roussette et enfin des huiles de harengs bruts pour la savonnerie. La même exposition contenait des tourteaux formés de résidus de poissons qui constituent un riche engrais.

Les produits français de baleine et de morue sont les plus appréciés dans le commerce, car les huiles sont mieux préparées et mieux conservées. Dans ces dernières années des efforts considérables ont été faits pour améliorer les rendements et utiliser jusqu'aux derniers résidus. Mais notre industrie, dont le renom est bien établi, ne s'est guère montrée à l'Exposition. En l'absence des produits de la grande pêche française et de ceux de l'Amérique du Nord, la Norvège, avec ses treize exposants, a occupé la première place, et a remporté de grandes récompenses. A côté de la Norvège, le Chili, avec sa Compagnie des baleiniers de Valparaiso, et le Japon ont occupé une place honorable.

TABLEAU DES EXPOSANTS PAR NATIONALITÉ.

Nombre d'exposants inscrits.. 19
Nombre d'exposants récompensés.................................... 14

PAYS.	COLLABORATEURS.	HORS CONCOURS.	GRANDS PRIX.	MÉDAILLES D'OR.	MÉDAILLES D'ARGENT.	MÉDAILLES DE BRONZE.	MENTIONS HONORABLES.	NON RÉCOMPENSÉS.	PAS ARRIVÉS, PAS JUGÉS.	RENVOYÉS À D'AUTRES CLASSES.	RETIRÉS.	NOMBRE des EXPOSANTS par NATIONALITÉ — INSCRITS.	NOMBRE des EXPOSANTS par NATIONALITÉ — RÉCOMPENSÉS.
Saint-Pierre et Miquelon.........	"	"	"	"	"	2	"	"	"	1	"	3	2
Brésil........................	"	"	"	"	"	1	"	"	"	"	"	1	1
Chili..........................	"	"	"	"	1	"	1	"	"	"	"	2	2
Danemark	"	"	"	"	"	"	"	1	"	"	"	1	"
République Dominicaine.........	"	"	"	"	"	"	1	1	"	"	"	2	1
Japon..........................	"	"	"	"	"	1	"	1	1	"	"	3	1
Norvège........................	"	"	"	1	1	2	3	"	"	"	"	7	7
TOTAUX..............	"	"	"	1	2	6	5	3	1	1	"	19	14

LISTE DES EXPOSANTS.

La sœur Césarine	Huile de foie de morue	St-Pierre et Miquelon.
P. Riche	Huile de foie de morue	St-Pierre et Miquelon.
D. J. d'Almeida	Colle de poisson	Brésil.
M. Beca	Huile de loup de mer	Chili.
Compagnie des baleiniers	Spermacetti et huile de baleine	Chili.
Commission provinciale de Santiago	Graisse de caïman	Rép. Dominicaine.
Ministère de l'agriculture et du commerce	Huiles diverses de poissons	Japon.
Svend Foyn	Huile de baleine	Norvège.
Isdahl et Cie	Huiles industrielles pour la tannerie	Norvège.
Société pour la pêche de la baleine en Finmarken	Huile et colle de baleine	Norvège.
Spoerck et Cie	Huile et suif de baleine	Norvège.
Jensens et Cie	Huiles brutes	Norvège.
J. Thesen et Cie	Rogues et huiles de foie de morue	Norvège.
M. H. Astrup	Rogues	Norvège.

Les exposants qui suivent ont été récompensés dans d'autres catégories ressortissant à la classe 43.

Commission norvégienne de l'Exposition	Huiles de baleine, phoque, foie de morue	Norvège.
Commission de Cumana	Huiles de poisson	Vénézuéla.
Commission de Zulia	Huiles de poisson	Vénézuéla.

LISTE DES RÉCOMPENSES.

MEDAILLE D'OR.

M. Svend Foyn, de Tönsberg (Norvège).

M. Svend Foyn, établi armateur en 1850, est le créateur et l'organisateur de la pêche régulière et en gros de phoques et de baleines en Norvège. C'est aussi à lui que sont dues l'invention et la construction des petits vapeurs, canons et harpons spéciaux pour la pêche de la baleine, qui sont maintenant utilisés par tous les pêcheurs norvégiens.

Il a : 2 établissements et usines, à Mehavn et Böle (Finmarken, nord de la Norvège), pour la pêche de la baleine; 1 usine, à Tönsberg, pour le raffinement des huiles de phoque, morse et baleine; 5 vapeurs, pour la pêche de la baleine; 2 vapeurs, d'environ 300 tonneaux, pour la pêche du phoque; 2 voiliers, pour la pêche de la baleine de Bottlenose, et emploie environ 400 matelots et ouvriers.

Il produit en moyenne par an :

Environ 4,000 fûts ou 700,000 kilogrammes d'huile de baleine; environ 500 fûts ou 100,000 kilogrammes d'huile de phoque; environ 500 fûts ou 100,000 kilogrammes d'huile de morse; environ 4,000 sacs ou 400,000 kilogrammes de guano, poudre de viande et d'os de baleine; 20,000 kilogrammes de fanons de baleine; 10,000 à 15,000 de peaux de phoques; 50,000 kilogrammes de colle de baleine.

En 1888 les prix étaient :

Huile de baleine....	n° 1, blanche filtrée, environ....................	62f 00
	n° 2, blonde filtrée, environ....................	58 00
	n° 1, blanche naturelle, environ..................	55 00
	n° 2, blonde naturelle, environ..................	51 00
	n° 3, rouge naturelle, environ..................	45 00
	n° 4, brune naturelle, environ..................	35 00
Huile de phoque....	blonde claire.......	53 00
	brune claire..................................	50 00
Huile de baleine....	de Bottlenose raffinée..........................	70 00
	de Bottlenose raffinée..........................	65 00
Fanons de baleine..	noirs bruts..................................	500 00
	blancs bruts..................................	250 00
Colle de baleine noire...		20 00
Guano de baleine (environ 7 1/2 p. 100 d'azote et 11 p. 100 d'acide phosphorique)...		15 50
Poudre d'os (environ 3 p. 100 d'azote et 24 p. 100 d'acide phosphorique)...		15 00
Viande sèche de baleine (environ 11 p. 100 d'azote et 2 p. 100 d'acide phosphorique)...		19 00

(Les 100 kilogrammes, logement compris, c. f. a. au Havre.)

M. S. Foyn a obtenu une haute récompense à l'Exposition universelle, à Vienne (Autriche), mais n'a rien exposé depuis ce temps, c'est-à-dire dix à douze ans.

MÉDAILLE D'ARGENT.

Société Finmarken, à Tönsberg (Norvège).

La Société pour la pêche de la baleine est la maison la plus importante de Norvège après M. Svend Foyn et s'est établie en 1880. Elle ne fait exclusivement que la pêche de la baleine.

Elle a son établissement et ses usines à Jörvar, a 2 vapeurs et emploie environ 100 personnes.

Elle produit en moyenne par an : environ 3,000 fûts ou 500,000 kilogrammes d'huile de baleine; 3,000 sacs ou 300,000 kilogrammes de guano, poudre d'os et de viande de baleine; 15,000 kilogrammes de fanons de baleine; 50,000 kilogrammes de colle de baleine.

En utilisant une nouvelle invention pour épurer et clarifier la colle et dont elle a le brevet, elle livre un produit tout à fait exceptionnel.

La Société a obtenu la médaille d'or à l'Exposition universelle d'Anvers en 1885.

CUEILLETTES.

Les cueillettes peuvent se subdiviser en deux branches distinctes. La première comprend tous les produits végétaux extra-européens tels que : le caoutchouc, les gommes, résines, le corozo, les cires, les arachides, les quinquinas, l'ambre, dont l'exploitation donne lieu à des entreprises considérables, le plus souvent spécialisées à l'une ou l'autre de ces matières de grande importance industrielle.

La seconde comprend, outre le miel, les truffes et les champignons, toutes les feuilles, plantes, écorces et racines sauvages ou cultivées propres à la pharmacie et à l'herboristerie.

La première catégorie de cueillettes offre seule de l'intérêt pour notre étude; les statistiques douanières nous éclairent, en effet, sur l'importance respective de chaque nature de produits, et les industries qui les utilisent ont pris elles-mêmes un développement tel qu'elles ont un intérêt de premier ordre à se renseigner sur les ressources de tous les marchés du monde.

Nous présenterons donc ici des rapports spéciaux pour cette série de produits.

Au contraire, les renseignements même approximatifs nous font défaut pour la seconde catégorie de cueillettes, celles de France et d'Europe.

A moins de nous adresser aux préparateurs de produits pharmaceutiques, comment pourrions-nous évaluer l'importance de la cueillette d'Europe qui, du reste, est consommée en grande partie par la médication domestique?

Il y aura peut-être dans l'avenir une étude intéressante à faire sur l'importance du ramassage de l'infinie variété des plantes médicinales, quand, éclairés par les recherches et les trouvailles de nos explorateurs, nous serons mieux renseignés sur la pharmacopée, vieille comme le monde, des peuples de l'Extrême Orient, et que, par l'importation ou par l'acclimatation, nous pourrons nous rendre compte de ce que représente la consommation des plantes diverses.

Actuellement, ce ne sont là qu'objets de curiosité, dignes à coup sûr de la plus vive attention. Il est facile, en effet, de comprendre que la science des simples, constitutive de notre médecine rurale et populaire, doit avoir recueilli des expériences plus complètes que les nôtres chez les peuples plus vieux que nous, habitant un sol où la variété et la nature des climats sont infinies, et où la profession médicale, dont nous avons tendance à sourire d'après le peu que nous en connaissons, a cet avantage incontestable d'être une profession traditionnelle dans les familles. Remèdes de vieille femme, dit-on; ils ne sont pas tant à dédaigner, et beaucoup y reviennent qui ont éprouvé les effets des remèdes scientifiques et des spécifiques de la réclame. Toujours est-il que nous ne pouvons traiter de tout cela ici, nous contentant de renvoyer ceux qui seraient plus curieux de la cueillette d'Europe aux traités de botanique, de pharmacie et d'herboristerie.

Au reste, nous avons le regret de dire que deux exposants seulement se sont présentés dans cette subdivision, l'un de France et l'autre de Russie.

Nous ne nous occuperons pas particulièrement des truffes, des champignons et du miel. Ces articles n'ont donné lieu qu'à des expositions isolées et sans importance. Nous pensons qu'il vaudra mieux, dans les expositions futures, attribuer l'examen de ces produits, non susceptibles de développement dans notre classe, au groupe de l'alimentation.

CAOUTCHOUC.

Le caoutchouc, dont on ne peut indiquer l'époque d'utilisation dans les contrées d'où il est originaire, n'a été signalé en Europe qu'en 1615 par Torquemada qui, dans son ouvrage sur le Mexique, parle de l'usage qu'en font les indigènes sous forme de balles très élastiques; et en 1736 par La Condamine qui, dans ses notes de voyage sur le Pérou, décrit les caractères de cette résine ainsi que l'arbre qui la produit et qui appartient à la famille des *euphorbiacées.*

Ce n'est que vers 1790 qu'en Europe on en fait l'essai pour des ressorts et des tuyaux; mais la fabrication du caoutchouc ne devient sérieuse que vers 1837, après la découverte par Goodyear des procédés de vulcanisation, c'est-à-dire de l'incorporation du soufre au caoutchouc, pour lui conserver son élasticité et son imperméabilité.

Les usages du caoutchouc sont aujourd'hui fort nombreux, et son emploi s'étend incessamment à un plus grand nombre d'objets. Chaussures, conduits, cornets acoustiques, ressorts, tampons, joints, instruments de chirurgie et de chimie, tissus élastiques, corsets, vernis pour les cuivres, glu marine pour le calfatage des navires, trouvent dans le caoutchouc une matière première précieuse et indispensable pour notre industrie.

Une quantité de plantes, arbres, arbustes et lianes produisent le caoutchouc. Parmi celles que nous connaissons, il faut citer les espèces : *hœvea guianensis, castilloa, mangaba, urceola, landolphia* et *ficus elastica* que nous connaissons par des spécimens réduits qui, sous le nom de *caoutchoucs,* ornent nos demeures par la beauté de leur feuillage.

Le caoutchouc est obtenu au moyen d'incisions pratiquées sur l'écorce des plantes; elles laissent couler une sève laiteuse appelée *seringa* ou *cachucha;* recueillie dans des récipients, ou simplement dans des trous pratiqués en terre, elle se coagule rapidement par l'effet de l'air et de la fumée intense à laquelle on la soumet, pendant qu'on en fait des blocs de formes différentes, suivant les lieux de production.

La récolte s'en opère à certaines saisons, suivant les lieux, au sein de forêts inextricables et par des troupes d'indigènes appelés *seringarios,* aventuriers pour la plupart, sous la conduite d'un chef dont l'énergie se déploie pour assurer l'abondance et la promptitude de la récolte, mais trop rarement pour s'opposer à l'épuisement immédiat et à la destruction des plantes exploitées.

Dans les contrées immenses situées entre 25° latitude nord et 25° latitude sud, c'est-à-dire sur toute la ligne de l'équateur, qui semble être la zone convenant seule au plein développement des essences produisant le caoutchouc, la récolte est d'une grande importance et rapporte des bénéfices considérables. Aussi des essais, infructueux d'abord, ont été tentés dans divers pays, en Algérie et en Tunisie, par exemple, pour y acclimater la culture de ces arbres croissant spontanément dans leurs pays d'origine.

Soit au Brésil, sur les bords de l'Amazone, qui produit sous le nom de *para* la sorte la plus abondante et la plus estimée pour ses qualités d'élasticité et de pureté, soit dans les autres contrées d'où nous viennent les sortes inférieures, la récolte générale du caoutchouc suit une progression notable et régulière qui, d'après les données actuelles, ne semble pas devoir se ralentir et répondra certainement aux besoins de l'industrie, malgré l'extension de ses applications.

Nous résumons ci-après les renseignements que nous avons recueillis, au point de vue de l'importation en France, tant sur la qualité que sur l'importance du caoutchouc des diverses provenances, dont la récolte totale annuelle est évaluée à environ *30 millions de kilogrammes.*

L'exportation directe de cette récolte aux entrepôts des pays qui en font le négoce se répartit dans les proportions approximatives suivantes :

Les *États-Unis* absorbent la plus grande partie des provenances du Mexique et de l'Amérique centrale, dépassant *12 millions de kilogrammes.*

L'*Angleterre* importe une quantité équivalente provenant principalement du Gabon et du Congo.

La *Hollande* consomme près de *1 million de kilogrammes* de ces deux provenances, où s'approvisionne également l'*Allemagne,* mais pour une quantité moindre.

Le *Portugal* reçoit presque tout le Loanda et le Benguela, évalué à près de *1 million de kilogrammes.*

Quant à l'évaluation détaillée de l'importation en Europe du caoutchouc des diverses provenances, nous ne pouvons la donner que sous toutes réserves, car nous en avons recueilli les éléments en compulsant des statistiques souvent incomplètes et dont les chiffres ne sont pas toujours d'une exactitude rigoureuse.

Pour la *France,* son approvisionnement annuel se compose des quantités approximatives suivantes :

Brésil et Bolivie	520,000 kilogr.
Madagascar	170,000
Pérou	130,000
A reporter	820,000

Report	820,000 kilogr.
Sénégal	90,000
Mozambique	20,000
Colombie et Équateur	10,000
Soit un total de	940,000

Brésil. — Les caoutchoucs de ce pays, dont l'excellence pour certains emplois ne peut être égalée par des gommes d'autres provenances, sont classés en deux qualités : la première est dénommée dans le commerce *para fin* ou *fine;* la seconde, *sernamby* ou *tête de nègre.*

La production de la province de Céara, consistant en blocs blonds, en lanières, d'une qualité différente de celle du Para, a été pour 1889 de *170 tonnes.*

On parle pour cette année, au Brésil, d'une infériorité de récolte sur l'année précédente, ce qui serait tout à fait exceptionnel.

Voici le tableau des importations du Brésil en Europe, de 1865 à 1889.

CHIFFRES EN TONNES DE 1,000 KILOGRAMMES.

Année	Tonnes	Année	Tonnes
1865	3,965	1878	7,880
1866	4,160	1879	7,870
1867	4,300	1880	8,450
1868	4,785	1881	8,850
1869	5,210	1882	9,900
1870	4,735	1883	10,130
1871	5,650	1884	10,900
1872	5,050	1885	13,200
1873	6,380	1886	13,000
1874	65,00	1887	14,000
1875	6,800	1888	15,000
1876	6,540	1889	15,500
1877	7,670		

Bolivie. — Sa production, classée comme para, est d'une qualité superbe. Elle arrive en pains moyens bien préparés et plus secs que ceux du Brésil à cause de la longueur de son voyage sur l'Amazone. Confondue dans les statistiques officielles avec le Para, nous n'en pouvons déterminer le chiffre.

Équateur. — Ce pays fournit un caoutchouc noir et un peu gras que nous recevons d'une façon très irrégulière; car, faute de soins, la production diminue dans l'Équateur, où le gouvernement va prendre des mesures conservatoires.

Guatémala. — Même nature que le caoutchouc de l'Équateur. Il est employé surtout par les États-Unis.

IMPRIMERIE NATIONALE.

Nicaragua. — Salvador. — Mexique. — Les caoutchoucs de ces divers pays, connus sous le nom de *nicaragua* et dirigés sur les États-Unis, proviennent des mêmes arbres qu'au Guatémala. Les soins de la récolte lui donnent une qualité supérieure. Toutefois l'Europe a reçu de ces contrées, en 1889, une quantité de 100 tonnes, provenant de l'Amérique centrale.

Colonies portugaises de l'Afrique. — La côte occidentale du continent noir, dont les ports sont Saint-Philippe-de-Benguéla et Saint-Paul-de-Loanda, produit environ *1,300 tonnes* de caoutchouc par an. Cette production s'accroîtra certainement à l'achèvement du chemin de fer de Loanda.

Sur la côte orientale, la gomme de Mozambique, plus ou moins pure, est récoltée en boules de diverses grosseurs ou en fuseaux fournis par la coagulation du caoutchouc en filaments enroulés autour de petites branches. Le Mozambique a produit, en 1889, *500 tonnes* de caoutchouc.

Gabon. — La qualité médiocre du caoutchouc de ce pays en rend l'importation presque nulle par la France qui, en 1888, n'en a reçu que quelques centaines de kilogrammes.

Quantités importées en Europe :

	POIDS en kilogrammes.	VALEUR en francs.
1883	1,073,936	4,833,112
1884	560,667	2,242,668
1885	456,555	1,187,044
1886	442,238	1,768,952
1887	660,197	2,630,788
1888	392,568	1,567,072

Congo. — Les carrés d'Afrique et les boules sont les sortes qui nous arrivent du Congo. Ces arrivages augmenteront certainement lors de la création de la ligne directe de vapeurs entre la France et l'Afrique. Nous ne pouvons donner de chiffres d'importation, l'Administration des colonies n'ayant pas encore publié de statistique.

Réunion. — C'est du *ficus elastica* qu'on tire le caoutchouc à la Réunion; mais il est regrettable que l'exploitation en ait cessé et que les caoutchoucs, qui sont expédiés de cette colonie, n'y passent qu'en transit et proviennent des îles environnantes.

Sénégal. — La production du caoutchouc au Sénégal est actuellement la plus régulière de celles que nous tirons des colonies françaises.

Les ports de Dakar et de Gorée fournissent les caoutchoucs dits *sénégal*. Les Rivières du Sud envoient les quantités les plus importantes de caoutchoucs, dénommés *caza-*

mance, boulam, rio-nunez et la qualité estimée de Gambie. Celui de l'archipel des Bissagos, près de la côte du Sénégal, est de qualité ordinaire.

Les chiffres de 1886, n'ayant pas été publiés, manquent à la statistique des exportations des caoutchoucs du Sénégal, établie ci-dessous depuis 1884 :

STATISTIQUE DES IMPORTATIONS EN EUROPE DE CAOUTCHOUCS DU SÉNÉGAL.

NOMS DES PAYS.		ANNÉES.	POIDS.	VALEUR.
			kilogrammes.	francs.
Sénégal du Nord		1884	163,370	965,058
		1885	130,481	391,445
		1887	174,406	523,218
Rivières du Sud	Mellacorée. (Port de Penty.)	1884	8,787	26,361
		1885	7,984	21,596
		1887	106,501	319,503
	Rio Pongo. (Port de Boffa.)	1884	176,501	635,500
		1885	98,584	264,350
		1887	103,911	511,735
	Cazamance. (Port de Carabane.)	1884	123,716	433,006
		1885	41,014	102,535
		1887	10,047	31,741
	Rio Nunez. (Port de Victoria.)	1884	214,046	817,995
		1885	363,865	984,725
		1887	274,905	824,715
	Forécariah. (Port de Kotonko.)	1887	58,302	174,906

Madagascar. — Le caoutchouc, provenant d'une liane qui pousse spontanément sur toute l'étendue des côtes et de l'intérieur de Madagascar, est de trois qualités : le *tamatave* ou *madagascar rosé,* le *majunga* et le *madagascar noir* provenant du Nord.

Malheureusement cette exploitation, qui diminue graduellement d'importance, disparaîtra si, par des mesures énergiques, on n'en assure la conservation en s'opposant aux pratiques destructives en usage. Pour recueillir rapidement la plus grande quantité de gomme, les récolteurs, en effet, ont l'habitude de couper les plantations sans s'occuper de les renouveler. Pour 1889, la production totale a été de *170,000 kilogrammes.*

Voici la statistique de notre port de *Nossi-Bé,* au nord de Madagascar, qui lui envoie une partie du caoutchouc noir :

	POIDS en kilogrammes.	VALEUR en francs.
1883	107,470	537,354
1884	12,886	46,484
1885	115,401	389,647
1887	143,804	664,742
1888	133,802	468,385

Nous pensons qu'en présence de la fabrication hors de France du caoutchouc, dont l'entrée n'est soumise à aucun droit, notre industrie similaire, dont l'importance s'accroît constamment, devrait, lors de la revision des tarifs douaniers, être mise à même de soutenir la concurrence étrangère. En conséquence, nous comptons sur la suppression des 3 fr. 60 par 100 kilogrammes de surtaxe d'entrepôt, d'où vient en France la majeure partie du caoutchouc employé, pour nous laisser jouir de la franchise accordée aujourd'hui seulement au caoutchouc importé directement des lieux de production.

TABLEAU DES EXPOSANTS PAR NATIONALITÉ.

Nombre d'exposants inscrits 35
Nombre d'exposants récompensés 26

PAYS.	COLLABORATEURS.	HORS CONCOURS.	GRANDS PRIX.	MÉDAILLES D'OR.	MÉDAILLES D'ARGENT.	MÉDAILLES DE BRONZE.	MENTIONS HONORABLES.	NON RÉCOMPENSÉS.	PAS ARRIVÉS, PAS JUGÉS.	RENVOYÉS À D'AUTRES CLASSES.	RETIRÉS.	NOMBRE des EXPOSANTS par NATIONALITÉ — INSCRITS.	NOMBRE des EXPOSANTS par NATIONALITÉ — RÉCOMPENSÉS.
Colonies	"	1	"	1	1	"	"	"	"	"	"	3	2
Bolivie	"	"	"	"	"	1	"	"	"	"	"	1	1
Brésil	"	"	1	1	1	2	1	5	"	"	"	11	6
Équateur	"	"	"	"	"	"	1	"	"	"	"	1	1
Grande-Bretagne	"	"	"	"	"	"	"	"	"	2	"	2	"
Guatémala	"	"	"	"	"	2	2	"	"	"	"	4	4
Mexique	"	"	"	"	"	2	2	"	"	"	"	4	4
Nicaragua	"	"	"	"	1	"	1	1	"	"	"	3	2
Portugal	"	"	"	"	1	"	3	"	"	"	"	4	4
Salvador	"	"	"	"	1	1	"	"	"	"	"	2	2
TOTAUX	"	1	1	2	5	8	10	6	"	2	"	35	26

LISTE DES EXPOSANTS.

Félix CROS .... Caoutchouc................. Sénégal.
L. BING fils et GANS .... Caoutchouc................. Madagascar.
F. SUAREZ .... Caoutchouc................. Bolivie.
A. PERREIRA DE ANDRADE .... Caoutchouc de Mangaba .... Brésil.
Mme DE SANTA ANNA NÉRY .... Caoutchouc................. Brésil.
J. BENTO DA COSTA .... Caoutchouc................. Brésil.
C. José FERREIRA BRANDT .... Caoutchouc................. Brésil.
LACERDA et Cie .... Caoutchouc du Para .... Brésil.
MENIER .... Caoutchouc................. Brésil.
SEMINARIO frères .... Caoutchouc................. Équateur.

F. Anguiano	Caoutchouc	Guatémala.
J. et C. Apparicio	Caoutchouc	Guatémala.
José Gonzalez	Caoutchouc	Guatémala.
F. E. Toledo	Caoutchouc	Guatémala.
Gouvernement de l'État de Vera Cruz	Caoutchouc	Mexique.
Gouvernement de l'État de Michoacan	Caoutchouc	Mexique.
Gouvernement de l'État de Chiapas	Caoutchouc	Mexique.
Gouvernement de l'État de Colima	Caoutchouc	Mexique.
P. Chamorro	Caoutchouc	Nicaragua.
Isidro Urtecho	Caoutchouc	Nicaragua.
Coëlho G. Gomes	Caoutchouc blanc d'Angola	Portugal.
Banque Ultramarine	Caoutchouc	Portugal.
Ribeiro de Carvalho	Caoutchouc	Portugal.
Vicomte de Cacongo	Caoutchouc	Portugal.
Département de la Libertad	Caoutchouc	Salvador.
Département de Usulutàn	Caoutchouc	Salvador.

Les exposants qui suivent ont été récompensés dans d'autres catégories ressortissant à la classe 43.

Service local	Caoutchouc	Gabon-Congo.
Potier	Caoutchouc	Réunion.
Noirot	Caoutchouc	Sénégal.
Comp^ie française de l'Afrique occidentale	Caoutchouc	Sénégal.
Gouvernement de l'État de Oaxaca	Caoutchouc	Mexique.
Menier	Caoutchouc	Nicaragua.
Société géographique	Caoutchouc d'Angola	Portugal.
Département de la Paz	Caoutchouc	Salvador.
Boris frères	Caoutchouc	Brésil.

LISTE DES RÉCOMPENSES.

GRAND PRIX.

M. Gaston Menier, à Paris.

La maison Menier a mérité notre sollicitude toute particulière par son exposition de caoutchouc dans la section du Brésil. Les jurés français n'ont pas été les seuls à mettre en lumière cette importante exposition. M. le docteur Guirez, représentant de Salvador, M. Boucard, représentant de Guatémala, qui auraient eu un intérêt très grand à mettre en relief les caoutchoucs de leurs pays respectifs, n'ont pas hésité à appuyer nos idées au profit du Brésil, reconnaissant ainsi non seulement la valeur des caoutchoucs de l'Amazonie, mais encore l'importance de la maison Menier. Devons-nous insister maintenant, à notre point de vue français, sur l'importance considérable que les transactions de M. Menier avec le Brésil ont pour nous? Dans ce cas, nous reviendrons toujours à ce même raisonnement que, grâce aux puissantes importations directes de semblables maisons, il se crée, vers ces mêmes régions, un commerce d'exportation. La maison Menier importe, à elle seule, une moyenne de 200,000 kilogrammes de caoutchouc du Brésil représentant une valeur de 1,500,000 francs. C'est là un aliment considérable pour les navires qui nous reviennent de ces parages. Elle ne s'est pas bornée à la simple importation du Brésil, elle achète des caoutchoucs dans d'autres pays; en outre, elle a créé de toutes pièces une culture générale au Valle-Menier, dans le Nicaragua, et nous ne saurions assez savoir gré à une maison française d'un semblable esprit d'initiative. Ne pouvant donner deux récompenses à une même maison pour un même article, quoique de provenances différentes, nous avons dû grouper sous une seule cote l'ensemble des expositions de caoutchouc de la maison Menier que nous recommandons chaudement aux membres du jury supérieur.

MÉDAILLES D'OR.

Mme DE SANTA-ANNA NÉRY, à Paris.

Expose des échantillons de coca et de caoutchouc brut de l'Amazone. Est l'inventeur et le propagateur d'un procédé nouveau pour la récolte et la cuisson du caoutchouc. L'ancienne méthode présentait de graves inconvénients et provoquait des maladies d'yeux chez les Indiens et les nègres employés à cette opération. Le procédé de Mme de Santa-Anna Néry obvia complètement à cet inconvénient sans altérer en rien la qualité du caoutchouc. En raison de cette invention, Mme de Santa-Anna Néry obtenait un diplôme d'honneur à Anvers en 1885.

M. Félix CROS, à Gorée.

Président de la Chambre de commerce de Gorée. A rendu de grands services à la colonie en poussant les indigènes vers l'agriculture et particulièrement vers la culture de la liane-caoutchouc. Il jouit d'une très grande influence auprès des rois de Baol, de Sine et de Saloum. Son exposition commerciale est très complète et très importante. Elle se trouve répartie dans douze classes différentes; mais sans préjuger des notes de nos collègues dans les autres classes, nous estimons que ses caoutchoucs méritent bien la cote que nous leur donnons pour la médaille d'or.

GOMMES ET RÉSINES.

La gomme est cette substance blanche, jaune ou rougeâtre qu'exsudent naturellement beaucoup d'arbres, dans nos pays particulièrement les arbres fruitiers, sous la forme d'un liquide épais et poisseux qui durcit à l'air. Cette exsudation peut être provoquée par des incisions dans les arbres. Le commerce ne recherche nos produits français qu'en petites quantités et applique spécialement la dénomination de *gommes* à la *gomme arabique* qui vient du Soudan, par Tripoli et par l'Égypte, et à la *gomme du Sénégal* dont notre colonie est le pays d'origine. Ces produits ont un grand nombre d'emplois industriels; ils entrent dans la fabrication des couleurs, cirages, encres, colles, apprêtent et lustrent les étoffes, sont la base d'un grand nombre de préparations thérapeutiques et de confiserie.

Les gommes d'Afrique sont produites par une espèce d'acacias qui s'étendent en forêts immenses dans tout le Soudan et le Sénégal. La gomme du Sénégal est récoltée par les Maures, qui l'apportent aux différentes escales établies sur les fleuves du pays et l'échangent contre les marchandises de troc dont la plus recherchée est la toile bleue guinée. Cette gomme est dure et soluble dans l'eau comme sa concurrente la gomme arabique, qui se présente sous un aspect tendre, friable.

Les gommes de ces deux provenances arrivent en France telles qu'elles sont récoltées; suivant les besoins de la consommation, elles sont triées en blanches, blondes, rouges et criblées à différentes grosseurs.

La récolte du Soudan a été fortement compromise depuis l'occupation de l'Égypte par les Anglais, et il en est résulté l'apport sur nos marchés de gommes qui précédemment n'y figuraient guère. La Barbarie, l'Inde, le Brésil, le Cap, l'Australie et beaucoup d'autres pays viennent joindre leurs produits plus ou moins appréciés aux gommes de l'Arabie dont Aden nous procure environ 500 quintaux annuellement. Toutes ces sortes sont livrées à des prix relativement modiques, sans avoir passé par le triage et le criblage.

L'importation du Sénégal, qui représente 4 millions de kilogrammes, se fait directement en France par Bordeaux dont les puissantes maisons entretiennent des comptoirs dans la colonie et possèdent presque toutes des vapeurs faisant des services réguliers. L'Autriche et l'Amérique en consomment beaucoup. L'importation de la gomme arabique ne se fait que par Marseille. Les autres espèces nous viennent généralement par l'Angleterre, la surtaxe d'entrepôt étant peu importante.

En dehors de ces variétés, nous recevons de la Perse et de la Turquie d'Asie les gommes adragantes provenant d'un arbre appelé *astragalus*. Elles fournissent un mucilage qui sert, en pharmacie, pour la fabrication des pastilles sèches et, en outre, à l'apprêt des tissus et des chapeaux. On en importe en France de 30,000 à 40,000 kilogrammes et une moindre quantité par les entrepôts anglais.

Notre chapellerie emploie en petites quantités nos gommes nationales des cerisiers, amandiers, pruniers, qui ne valent pas la gomme des merisiers de la Forêt-Noire.

Toutes les gommes ne sont guère travaillées que chez nous et nous étions seuls exposants dans la classe 43.

Nous n'avons pas à désirer l'augmentation de la surtaxe d'entrepôt de 3 fr. 60. Notre importation directe suffit, en général, largement à la consommation. Une augmentation de tarifs ne pourrait qu'être préjudiciable à nos industries, la gomme devant être considérée comme matière première.

A côté de ces gommes proprement dites, il y a des *gommes-résines* qui exsudent aussi de certains arbres, et auxquelles le principe résineux donne une odeur particulière à chaque espèce. Mentionnons dans cette catégorie la myrrhe, l'assa fœtida, la gomme-gutte, la scammonée, l'opoponax et surtout les gommes copales et les gommes-laques dont l'exploitation a une importance considérable.

Les *gommes copales* se distinguent en dures, tendres et fusibles.

Les copales dures, dont l'entrepôt est à Londres et à Liverpool, proviennent des côtes d'Afrique, des Guyanes, de Colombie, du Brésil et, sous le nom de *manilles,* des Indes hollandaises, qui alimentent le marché de Singapore d'où nous importons directement. Madagascar produit également des quantités appréciables pour notre importation directe. Enfin la Nouvelle-Calédonie, comme nous le verrons en parlant de cette colonie, fournit une gomme dure fossile, le *kaori,* qui est exceptionnellement appréciée.

Ces copales dures, fusibles à 300 degrés, produisent, par l'addition d'huile et d'essence, les vernis nécessaires à nos industries du bâtiment et de la carrosserie.

La copale tendre ou gomme Damar, moins estimée, provient de Batavia. Fusible dans l'essence de térébenthine, elle sert à la fabrication des vernis, des papiers à décalquer, au durcissement de la stéarine pour allumettes-bougies, à des préparations pharmaceutiques.

Les copales fusibles, originaires des Indes hollandaises et qui ont leur marché à Amsterdam, mais dont nous faisons par Singapore une importation directe sérieuse, remplacent, par la modicité de leur prix, les sandaraques du Maroc pour la fabrication des vernis à étiquettes et autres petits emplois industriels.

La *gomme-laque,* tirée des Indes anglaises et dont le principal entrepôt est Londres, trouve des applications multiples et importantes. Les laques rouges sont employées par la chapellerie, pour les bords et pour la toile qui forme le corps du chapeau; pour la fabrication des agglomérés pour l'électricité, des meules factices, des marbres factices et autres objets. La laque blonde est employée pour le vernis à l'alcool de l'ébénisterie, de la vannerie, des métaux et pour les cires à cacheter.

Les *résines proprement dites,* qui proviennent des Landes et constituent l'unique richesse, nouvelle et grandissante, de cette contrée, ont une importance industrielle considérable. On en tire l'essence et la pâte de térébenthine, le galipot, qui fournit la poix jaune ou poix de Bourgogne, la colophane, le brai sec, le goudron, des vernis, des huiles pour graisses industrielles, des savons, cirages, encres de toutes sortes, enduits pour bateaux et câbles électriques. L'exploitation des produits des pins des Landes représente une valeur de plus de 30 millions.

CIRES.

La cire est une matière grasse, dure, cassante, secrétée par les abeilles et par quelques insectes de la même famille. Des substances analogues à la cire animale proviennent d'un assez grand nombre de plantes et sont connues sous le nom de *cires végétales.*

La cire animale est obtenue par la fusion dans l'eau bouillante des rayons d'abeilles après qu'on en a séparé le miel. Cette cire brute, dite *cire vierge* ou *cire jaune,* mélangée à des matières étrangères qui lui communiquent sa couleur et son odeur, devient la *cire blanche* à la suite de sa fusion avec la crème de tartre. La cire blanche est sans saveur et sans odeur; insoluble dans l'eau, elle se dissout dans les huiles, graisses, essences, éther ordinaire. La fabrication des bougies, celle surtout des cierges dont la consommation est si importante, car elle constitue à la fois une nécessité liturgique et une des ressources ordinaires des fabriques d'église, l'entretien des parquets d'appartement, la fabrication des emplâtres, cérats, onguents pharmaceutiques, la préparation des pièces anatomiques, le modelage emploient la cire en quantités considérables.

La France, en Bretagne, en Bourgogne, dans le Gâtinais, produit des cires estimées en quantités presque suffisantes pour tous ces usages. Le Sénégal, l'Algérie, presque toutes nos colonies nous ont envoyé des échantillons de cette cueillette, qui présente un grand intérêt industriel.

Il n'est pas superflu de faire ressortir ici l'utilité qu'il y aurait à répandre davantage en France la pratique de l'apiculture. L'Allemagne nous donne à cet égard depuis un grand nombre d'années un exemple que le soin de notre richesse nationale nous commande d'imiter. La production du miel et de la cire, dont les frais sont minimes, offrirait, en effet, une ressource précieuse pour notre alimentation et pour notre industrie, et nous voudrions que sur tous les points du territoire, grâce à la propagande de nos maîtres d'école, la culture des abeilles entrât dans l'habitude de tous les cultivateurs.

Les *cires végétales,* dont quelques-unes participent des caractères des résines, sont d'une assez grande variété. La plus importante est la cire de Carnauba, recueillie sur les feuilles du *palmier des Andes,* qui croît en Guyane et surtout au Brésil. Cette plante, une des plus utiles qu'on connaisse, fournit, outre la cire, un remède analogue à la salsepareille et que l'on retire de ses racines, du bois de construction par sa tige, des cordes, nattes et chapeaux dont la matière est tirée des feuilles, de l'amidon fabriqué avec sa moelle, de bonne huile extraite de ses bourgeons savoureux. L'exploitation de la cire, qui se fait surtout dans la province de Ceara, représente un produit d'exportation de près de 3 millions en sus de la consommation locale qui ne demande rien aux produits étrangers.

Signalons encore la *cire de myrica* retirée des baies du cirier de Louisiane et qui est un vrai corps à acide gras et à base de glycérine; la *cire de Chine,* exsudée de divers arbres consécutivement à la piqûre d'un insecte, le coccus; la cire des feuilles du raphia de la Réunion. Toutes ces espèces peuvent être employées pour l'éclairage et la plupart des autres usages de la cire animale.

Sur les gommes, les résines et les cires, nous n'avons malheureusement pu nous procurer aucun document statistique sérieux nous permettant de traiter ces produits au point de vue commercial.

Il est à souhaiter qu'à l'avenir les exposants préparent eux-mêmes ces statistiques d'un si haut intérêt pour eux et qu'ils viennent ainsi apporter leur pierre au prochain rapport qui devra être fait sur la question.

TABLEAU DES EXPOSANTS PAR NATIONALITÉ.

Nombre d'exposants inscrits.. 25

Nombre d'exposants récompensés.. 20

PAYS.	COLLABORATEURS.	HORS CONCOURS.	GRANDS PRIX.	MÉDAILLES D'OR.	MÉDAILLES D'ARGENT.	MÉDAILLES DE BRONZE.	MENTIONS HONORABLES.	NON RÉCOMPENSÉS.	PAS ARRIVÉS, PAS JUGÉS.	RENVOYÉS À D'AUTRES CLASSES.	RETIRÉS.	NOMBRE des EXPOSANTS par NATIONALITÉ	
												INSCRITS.	RÉCOMPENSÉS.
France......................	"	"	"	"	1	1	"	"	"	"	1	2	2
Colonies......................	"	"	"	1	"	2	5	2	"	"	"	11	8
Brésil......................	"	"	"	"	"	"	1	"	"	"	"	1	1
République Dominicaine.........	"	"	"	"	"	1	"	2	"	"	"	3	1
Guatémala......................	"	"	"	"	"	1	1	"	"	"	"	2	2
Japon......................	"	"	"	"	"	1	"	"	"	"	"	1	1
Nicaragua......................	"	"	"	"	"	1	1	"	"	"	"	2	2
Salvador......................	"	"	"	"	"	3	"	"	"	"	"	3	3
TOTAUX...............	"	"	"	1	1	10	8	4	"	"	1	25	20

LISTE DES EXPOSANTS.

F. ALLAND et A. ROBERT...............	Gommes du Sénégal et de l'Arabie.	France.
MAUREL, PROM, BUHAN père, fils et TEISSIÈRE.	Gommes de toute provenance...	France.
COMITÉ D'EXPOSITION.................	Gommes..................	Inde française.
BREM et CLÉMEN....................	Résines de kaori............	Nouvelle-Calédonie.
DESCOT.........................	Résines de kaori............	Nouvelle-Calédonie.
DESMAZURES......................	Résines de kaori............	Nouvelle-Calédonie.
PÉNITENTIER DE L'ÎLE DES PINS...........	Résines..................	Nouvelle-Calédonie.
RABOT frères et Cie..................	Cire jaune................	Réunion.
GÉVIN-MASSÉAUX.....................	Pains de cire..............	Réunion.
COMP^ie^ FRANÇAISE DE L'AFRIQUE OCCIDENTALE..	Gommes, cires..............	Sénégal.
Vicomte ALVES.....................	Résine de Jatoba............	Brésil.
José GINEBRA......................	Cire.....................	Rép. Dominicaine.
F. GARCIA.......................	Résines..................	Guatémala.
Juan MUÑOZ......................	Résine de sapin............	Guatémala.
SANJIRO TSUKUSHI...................	Cire.....................	Japon.
Simon BARBOZA.....................	Cire végétale..............	Nicaragua.
Dolorès VARGAS.....................	Cire végétale..............	Nicaragua.
DÉPARTEMENT DE CHALATENANGO.......	Cire.....................	Salvador.
DÉPARTEMENT DE MORAZÀN..........	Cire végétale..............	Salvador.
DÉPARTEMENT DE SAN SALVADOR........	Gommes..................	Salvador.

Les exposants qui suivent ont été récompensés dans d'autres catégories ressortissant à la classe 43.

G. Coutela	Gommes, résines	France.
Exposition permanente	Gommes	Colonies.
Hayes et Jeannenay	Gommes	Nouvelle-Calédonie.
Planté	Résines, cire végétale	Cambodge.
L. Bing fils et Gans	Gomme copale	Madagascar.
Cosme Battle	Cire	Rép. Dominicaine.
Camera di commercio di Manila	Cire	Espagne.
Labarbe et Cie	Gommes	Espagne.
Commission Gusman Blanco	Résines, gommes	Vénézuéla.
Commission Zulia	Gommes	Vénézuéla.

LISTE DES RÉCOMPENSES.

MÉDAILLE D'OR.

COMPAGNIE FRANÇAISE DE L'AFRIQUE OCCIDENTALE.

Siège social à Marseille; succursales à Paris, Liverpool et Manchester.

La Compagnie française de l'Afrique occidentale, fondée en 1887, a pris la suite des affaires de la Société de la côte occidentale d'Afrique, fondée elle-même en 1882 par M. A. Verminck, négociant armateur et fabricant d'huiles à Marseille.

M. A. Verminck est le créateur de la plupart des comptoirs commerciaux que possède la compagnie française de l'Afrique occidentale à la côte occidentale d'Afrique.

A la suite d'un assez long séjour, il fonda tout d'abord en 1854 le comptoir de Bathurst (rivière Gambie, colonie anglaise), puis successivement de 1872 à 1878, ceux de Rufisque et de Saloum (Sénégal); Rio Pongo, Mellacorée, Konakry, Rio Nunez (rivières du sud); Sierra Leone, Sherbo, Manoh (colonies anglaises).

Sous sa direction, la Compagnie du Sénégal et de la côte occidentale d'Afrique fonda en 1886 le comptoir de Grand Bassa dans la République de Libéria. M. C.-A. Verminck avait joint aux opérations commerciales à la côte d'Afrique celles de l'armement à voile et à vapeur pour transporter les produits de ses comptoirs, et, plus tard, l'industrie de fabricant d'huiles.

En 1885, il se consacra entièrement à cette dernière industrie, et, peu de temps après, la Compagnie du Sénégal et de la côte occidentale d'Afrique transformée devint la Compagnie française de l'Afrique occidentale qui transporta à Marseille son siège social et ne s'occupa plus que des affaires commerciales en Afrique et de l'armement. La présidence de la nouvelle Compagnie fut confiée à M. Rey, président de la Société marseillaise de crédit industriel et commercial et de dépôts, et la direction à M. F. Bohn, gendre de M. C.-A. Verminck et son collaborateur pendant de longues années.

La Compagnie française de l'Afrique occidentale possède actuellement à la côte occidentale d'Afrique: deux agences en chef, neuf agences principales, six sous-agences, et un grand nombre de factoreries dirigées pour la plupart par des employés européens.

Les principaux établissements de la côte d'Afrique sont :

Deux agences générales.

1° Rufisque (Sénégal). — Colonie française.

2° Freetown (Sierra Leone). — Colonie anglaise.

Neuf agences principales.

3° Foundiougne (rivière Saloum). — Colonie française.

4° Bathurst (rivière Gambie). — Colonie anglaise.

5° Boké (Rio Nunez). — Colonie française.

6° Guéméyéré (Rio Pongo). — Colonie française.

7° Rogberré (Rio Dubreka). — Colonie française.

8° Konakry (presqu'île Tombo). — Colonie française.

9° Benty (rivière Mellacorée). — Colonie française.

10° Bonthe (Rio Sherlo). — Colonie anglaise.

11° Grand Bassa. — République de Libéria.

Six sous-agences

12° Saint-Louis (Sénégal). — Colonie française.

13° Dakar (Sénégal). — Colonie française.

14° Macarthy (rivière Gambie). — Colonie anglaise.

15° Bel-Air (Rio Nunez). — Colonie française.

16° Forrecareah (rivière Forrecareah). — Colonie française.

17° Manoh (rivière Manoh). — Colonie anglaise.

Vingt-neuf factoreries.

18° Pout [1]. — Colonie française.

19° Thiès [1]. — Colonie française.

20° Tivaouanne [1]. — Colonie française.

21° Pire Gourey [1]. — Colonie française.

22° Gaye Mekhé [1]. — Colonie française.

23° Kellé [1]. — Colonie française.

24° Fatik (Rio Sine). — Colonie française.

25° Kaolakh (rivière Saloum). — Colonie française.

26° Albréda (rivière Gambie). — Colonie anglaise.

27° Jameyconnda (rivière Gambie) [2].

28° Balanghar (rivière Gambie) [2].

29° Kandjifara (Rio Campoing). — Colonie française.

30° Barolandey (Rio Nunez). — Colonie française.

31° Bentimodia (Rio Cataco). — Colonie française.

32° Boffa (Rio Pongo). — Colonie française.

33° Bakoro (Rio Pongo). — Colonie française.

34° Corerah (rivière Fatalla). — Colonie française.

35° Cobian (rivière Dubreka). — Colonie française.

36° Quoya (rivière Maneah). — Colonie française.

37° Famoreah (rivière Mellacorée). — Colonie française.

38° Kychom (rivière Scarcies). — Colonie anglaise.

39° Rotombo (rivière Sierra Leone). — Colonie anglaise.

40° Kent (Péninsule de Sierra Leone). — Colonie anglaise.

41° Bomplake (rivière Sherbro). — Colonie anglaise.

42° Bamany (rivière Boum). — Colonie anglaise.

43° Minah (rivière Kittam). — Colonie anglaise.

44° Marshall (rivière Junk). — République de Libéria.

45° Edina (rivière Saint-John). — République de Libéria.

46° Cess Town (rivière Cess). — République de Libéria.

En dehors de ces 46 établissements de commerce il existe un certain nombre de factoreries secondaires gérées par des employés indigènes. Le personnel européen occupé à titre permanent dans les divers comptoirs de la compagnie s'élève à 90 agents et employés.

Deux vapeurs et un voilier assurent les communications entre les comptoirs de la compagnie et l'Europe, ce sont : le vapeur *Foulah*, 1,150 tonneaux nets; le vapeur *Mandingue*, 950 tonneaux nets; le voilier *Nelia*, 249 tonneaux nets.

A la côte d'Afrique une nombreuse flottille de goélettes, cotres et embarcations diverses sert au ravitaillement des factoreries.

(1) Stations de la voie ferrée entre Dakar et Saint-Louis (Sénégal). — (2) Ces factoreries sont situées sur le territoire de Ripp soumis au protectorat français.

L'importance des opérations commerciales de la Compagnie avec la côte occidentale d'Afrique, importations et exportations réunies, a été :

1886	5,500,000f
1887	7,000,000
1888	7,500,000

En résumé, les établissements de commerce de la Compagnie française de l'Afrique occidentale s'étendent du Sénégal au Liberia, du 16e degré au 6e degré latitude nord, sur une étendue de côtes de 800 milles marins.

Ils se divisent en deux groupes principaux et autonomes : la Sénégambie, comprenant le Sénégal et la Gambie; le Bas-de-Côte, comprenant les rivières du sud, la colonie de Sierra-Leone et le Libéria.

Le commerce y consiste essentiellement dans l'échange de marchandises d'origine européenne contre les produits du sol africain destinés aux industries européennes.

Ci-après nous donnons à titre de renseignement un relevé des produits africains importés par la Compagnie française de l'Afrique occidentale en Europe et en Amérique pendant les années 1887 et 1888.

DÉSIGNATION DES PRODUITS.	IMPORTATIONS.	
	EN 1887.	EN 1888.
	kilogr.	kilogr.
Arachides	2,634,350	6,739,830
Palmistes	5,841,590	5,350,010
Sésames	511,670	149,340
Huile de palme	536,620	580,050
Caoutchouc	316,251	220,796
Gingembre	292,150	211,650
Gomme copale	59,020	46,330
Camwood	131,960	96,120
Cuirs	138,750	135,170
Cire	25,680	20,920
Piment	20,900	19,330
Ivoire	850	590
Café	1,200	4,680
Or en bagues	12	7

Après cet exposé que nous avons tenu à donner aussi complet que possible pour montrer la force d'initiative qui existe chez nous quoi que l'on puisse dire, nous nous bornerons à ajouter que tous les produits exposés par cette Compagnie étaient admirablement classés et à exprimer le regret d'un certain nombre de jurés qui auraient été heureux de consacrer tant d'efforts par un grand prix.

AMBRE.

L'ambre jaune ou succin, dont le principal lieu d'origine est cette partie des dunes sablonneuses de la mer Baltique qui s'étendent entre Mémel et Kœnigsberg, est une substance diaphane renfermant fréquemment des insectes ou des débris végétaux, d'une odeur fine et agréable, susceptible de recevoir un beau poli. On en attribue la formation à la gomme résineuse d'un conifère fossile. Recherché par la bijouterie, l'ambre est employé également à la fabrication des vernis gras.

Il ne faut pas confondre le succin avec l'ambre gris qui est une concrétion aromatique à odeur de musc, produite dans l'estomac du cachalot et qui flotte souvent comme une écume d'un gris cendré sur la surface des mers de Madagascar, des Moluques et du Japon. C'est une substance grasse, insoluble dans l'eau.

Par suite d'une classification défectueuse, et quoique l'ambre relève incontestablement des cueillettes, la classe 43 n'a eu à examiner qu'un seul exposant, et encore est-ce en pleine Roumanie, loin des bords de la Baltique, que nous nous trouvons reportés. Nous n'avons donc qu'à parler de l'ambre roumain, peu connu en Occident, très estimé en Hongrie et en Orient.

Cet ambre qui ne ressemble en rien à l'ambre jaune, blanc et vert, si répandu dans le monde entier, a plutôt l'apparence du cristal de roche, transparent comme lui, pailleté comme lui et variant de tons à l'infini. La nuance la plus fréquente est la couleur bistre, la plus estimée est la noire, et la plus rare, presque introuvable, est la rouge-rubis.

Toute cette grande variété de teintes foncées conserve néanmoins une transparence de pierre précieuse et il ne s'en rencontre jamais d'unie. La moindre petite pièce est marbrée, sillonnée d'innombrables veines ramifiées, passant du plus clair au plus foncé, dans la gamme du ton qui en fait le fond. Avec cela, dans chaque petit morceau, on aperçoit toute une mosaïque de paillettes d'or, d'argent, d'opale et de bronze, de toutes couleurs, mais c'est purement un effet d'optique produit par le miroitement de la lumière frisante, et qui n'enlève rien à la transparence de l'objet. Toutes les pièces taillées dans ces ambres ont un reflet phosphorescent bleuté, d'autant plus prononcé, que l'ambre est foncé. De même que dans l'ambre commun, on y trouve très souvent des insectes, des feuilles, etc., emprisonnés dans beaucoup de spécimens.

L'ambre roumain, unique en son genre, est charrié par le torrent de Bouzes qui l'arrache aux collines qu'il baigne. Malheureusement, sa recherche ne fait pas l'objet d'une industrie et le produit, d'une assez grande rareté, revient à un prix relativement élevé. On le taille en porte-cigarettes, en embouchures de grandes et petites pipes, en colliers, en bracelets et en toute autre espèce de bijoux ou de bibelots, comme l'ambre ordinaire. Les prix des bouquins à cigarettes varient entre 10 et 1,000 francs, suivant la grandeur, mais surtout suivant la nuance de la pièce.

COROZO OU IVOIRE VÉGÉTAL.

Le corozo que les indigènes désignent sous le nom de *noix de tagua,* qui est appelé aussi *noix de palmier, marron* ou *noix de coco,* vient d'un arbrisseau de la famille des palmiers; il croît dans les immenses forêts de l'Amérique intertropicale, de la Colombie.

de l'Équateur, du Pérou, jusqu'aux confins du Chili. La couleur, la forme, le volume de ce fruit de palmier lui ont valu par les Espagnols l'appellation de *tête de nègre*. Ce fruit se compose de plusieurs cellules renfermant chacune quatre grains, de la grosseur d'une petite pomme. La matière employée par l'industrie correspond à la chair tendre et comestible de la noix de coco et se trouve comprise entre l'embryon et l'enveloppe fibreuse du fruit. Le corozo est généralement désigné sous le nom d'*ivoire végétal* à cause de sa ressemblance avec l'ivoire proprement dit. A l'état sec, le produit a la dureté de la pierre; il se prête au travail du tour et du burin, mais se ternit promptement et s'use par le frottement. Valant quatre ou cinq fois moins que l'ivoire véritable, cette substance a naturellement inspiré la fraude; elle ne se révèle sûrement que par l'action de l'acide sulfurique colorant en rose le corozo.

Depuis une trentaine d'années, cette matière sert surtout à la fabrication du bouton de vêtement.

Le berceau de cette industrie est en Allemagne où elle s'est maintenue au premier rang. Le port de Hambourg recevait, jusqu'à ces dernières années, les neuf dixièmes de l'importation totale des corozos d'Amérique, montant à 14 millions de kilogrammes environ. Notre industrie était tributaire de cette importation dans des conditions si défavorables que, payant la matière première de 10 à 15 p. 0/0 plus cher, et n'étant protégée que par un droit d'entrée insignifiant, elle ne pouvait lutter sur le marché français contre l'article fabriqué d'Allemagne ni contre celui de l'Italie du nord qui sont vendus tous deux à très-bas prix. Reconnaissons, du reste, que notre fabrication, qui ne consommait qu'un million de kilogrammes de corozo, n'était pas à la hauteur de ses concurrents étrangers, et que, pour une si faible demande de produits, nous étions naturellement timides à tenter l'importation directe. Nous manquions de lignes à vapeur directes, entre la France et le pays de production et ne pouvions courir le risque d'importer sur un ou deux voiliers la quantité nécessaire aux besoins d'une année.

Grâce à l'établissement de la ligne Grosos, reliant le Chili au port du Havre par un service régulier de vapeurs faisant escale au port de Guayaquil, la situation s'est améliorée pour nous. Depuis quelques années, l'importation de noix de corozo se fait directement en France et atteint le chiffre de 1,500,000 kilogrammes; cet arrivage est suffisant pour notre fabrication qui tend à se développer. Sa prospérité grandirait si l'importation de la fabrique étrangère était frappée chez nous d'un droit équivalent à celui dont les autres pays imposent nos propres produits. Ce n'est pas de la protection que nous réclamons, mais un simple traitement de réciprocité. Nous voulons ici rendre hommage à l'esprit d'entreprise et à l'intelligence des affaires de M. Albert Ochsé. Il s'est employé avec énergie à assurer le succès de l'importation directe du corozo, comme il l'a fait pour celle des nacres et des cornes; il a de plus assisté de ses conseils, éclairés par une connaissance approfondie des modes de fabrication pratiqués à l'étranger, nos industriels dont il a sollicité l'initiative et guidé les progrès.

ARACHIDES, SÉSAMES, PALMISTES.

Les *arachides* sont une des matières premières les plus précieuses pour notre industrie nationale. Elles alimentent, avec les sésames et les palmistes, notre fabrication riche et florissante d'huiles et de savons, qui a son centre principal à Marseille, et constituent un article d'exportation des plus importants pour nos colonies et particulièrement pour nos comptoirs de la côte occidentale d'Afrique. Nous aurons l'occasion, quand nous parlerons du Sénégal et de la Gambie, de donner un aperçu de l'étendue des transactions auxquelles donne lieu l'exploitation de ces produits.

Les arachides sont les fruits d'une plante annuelle, rampante et chevelue, qui produit une grande quantité de longues gousses. Ces gousses qui succèdent aux fleurs entrent dans la terre où elles achèvent leur maturité; elles renferment des amandes de la grosseur d'une noisette et qui sont communément désignées sous le nom de *pistache de terre*. Les amandes fraîches, cuites dans l'eau ou dans la cendre, constituent un aliment farineux, nourrissant et agréable et sont utilisées, par leur mélange avec le cacao, pour la fabrication du chocolat. On en extrait surtout une huile limpide, inodore, moins grasse que l'huile d'olive, mais aussi rancissant moins facilement. Cette huile est très employée pour la savonnerie.

Les arachides sont originaires d'Amérique, d'où elles ont été importées à la fin du siècle dernier; mais elles prospèrent aussi en Chine, au Japon, à Macassar, dans le midi de l'Europe, en Algérie et surtout au Sénégal.

Les *sésames* sont des plantes oléagineuses, propres à l'Asie méridionale, à l'Égypte, à la Gambie, à l'Italie. Leur fruit est une capsule allongée, renfermant de nombreuses graines, petites, ovoïdes, brunes, qui fournissent une huile excellente ne figeant jamais et peu susceptible de rancir.

Cette huile est employée en quantités considérables pour les préparations alimentaires, les cosmétiques, l'éclairage et surtout les savons.

Les graines sont également productives d'une farine grossière, servant aux bouillies ou galettes, se laissent cuire comme du riz ou griller comme les grains de maïs. La culture des sésames réussit en Algérie.

Les *palmistes* fournissent, sous le nom d'*huile* ou *beurre de palme*, une substance oléagineuse que l'on extrait du fruit. Cette substance a la consistance du beurre, une odeur d'iris et sert à l'apprêt des aliments et à la fabrication des savons.

TABLEAU DES EXPOSANTS PAR NATIONALITÉ.

Nombre d'exposants inscrits.. 90

Nombre d'exposants récompensés.. 27

PAYS.	COLLABORATEURS.	HORS CONCOURS.	GRANDS PRIX.	MÉDAILLES D'OR.	MÉDAILLES D'ARGENT.	MÉDAILLES DE BRONZE.	MENTIONS HONORABLES.	NON RÉCOMPENSÉS.	PAS ARRIVÉS, PAS JUGÉS.	RENVOYÉS À D'AUTRES CLASSES.	RETIRÉS.	NOMBRE des EXPOSANTS par NATIONALITÉ — INSCRITS.	NOMBRE des EXPOSANTS par NATIONALITÉ — RÉCOMPENSÉS.
France	//	//	//	//	1	2	//	1	//	1	//	5	3
Colonies	//	//	//	//	1	2	2	3	1	1	//	10	5
République Argentine	//	//	//	//	//	//	1	3	//	//	//	4	1
Brésil	//	//	//	//	//	//	//	//	1	//	//	1	//
République Dominicaine	//	//	//	//	//	//	1	4	//	1	//	6	1
Espagne	//	//	//	//	//	//	1	2	2	//	//	5	1
Grande-Bretagne	//	//	//	//	//	//	1	//	//	//	//	1	1
Guatémala	//	//	//	//	1	2	1	//	//	1	//	5	4
Roumanie	//	//	//	//	//	1	//	//	//	//	//	1	1
Russie	//	//	//	1	//	//	//	//	//	//	//	1	1
Finlande	//	//	//	//	//	//	//	//	1	//	//	1	//
Salvador	//	//	//	//	//	1	//	//	//	39	1	41	1
Vénézuéla	//	//	//	//	2	3	3	//	//	1	//	9	8
TOTAUX	//	//	//	1	5	11	10	13	5	44	1	90	27

LISTE DES EXPOSANTS.

J.-B. BRETON et fils .... Cueillettes, racines, feuilles..... France.

LALBAT père, fils et frères .... Truffes.................... France.

SYNDICAT DE MILLY.................... Plantes pour pharmaciens...... France.

SOUS-COMITÉ DE L'EXPOSITION .... Cueillettes .... Guadeloupe.

COMO .... Champignons.............. Nouvelle-Calédonie.

HAYES et JEANNENAY.................. Cueillettes .... Nouvelle-Calédonie.

COMITÉ CENTRAL DE L'EXPOSITION......... Miel vert .... Réunion.

POTIER.......................... Cueillettes .... Réunion.

Amédée GRUGET .... Miel..................... Rép. Argentine.

M. ALFAU .... Cueillettes, fibres diverses...... Rép. Dominicaine.

MORENO.......................... Miel..................... Espagne.

T. B. BLOW....................... Miel..................... Grande-Bretagne.

F. CRUZ .... Salsepareille.............. Guatémala.

Dr P. MOLINA FLORES.................. Salsepareille.............. Guatémala.

Léon SAENZ........................ Salsepareille.............. Guatémala.

G. VALENZUELA .... Salsepareille.............. Guatémala.

IMPRIMERIE NATIONALE.

Comité permanent	Ambre de Bouzes	Roumanie.
J. B. Segall	Produits de cueillettes	Russie.
Département de la Paz	Plantes	Salvador.
Commission des Andes	Écorces	Vénézuéla.
Commission de Ciudad de Cura	Écorces, graines, cueillettes	Vénézuéla.
Commission de Gusman Blanco	Écorces, racines, graines	Vénézuéla.
Commission de Maracaïbo	Écorces, graines, cueillettes	Vénézuéla.
Th. Chapman	Produits de cueillettes	Vénézuéla.
G. Cook e hijos	Produits de cueillettes	Vénézuéla.
P. C. Morales	Feuilles de coca	Vénézuéla.
F. Caliman	Ivoire végétal, corozo, etc	Vénézuéla.

Les exposants qui suivent ont été récompensés dans d'autres catégories ressortissant à la classe 43.

G. Coutela	Cueillettes	France.
C. Hoffmann	Cueillettes	France.
Comité d'exposition	Produits du pays	Inde française.
Service des affaires indigènes	Produits de cueillettes	Nouvelle-Calédonie.
Goiset	Cueillettes	Réunion.
A. Aumont	Cueillettes	Sénégal.
Comp^ie^ française de l'Afrique occidentale	Arachides	Sénégal.
L. Bing fils et Gans	Orseille	Madagascar.
Commission auxiliaire de Misiones	Miel et fruits	Rép. Argentine.
Commission auxiliaire de San Luis	Miel et fruits	Rép. Argentine.
M. Vieyra	Fruits	Rép. Argentine.
Mme de Santa-Anna Néry	Coca	Brésil.
Commission provinciale d'Esmeraldas	Ivoire végétal, etc	Équateur.
Commission provinciale de Quito	Cueillettes	Équateur.
Seminario frères	Corozo, etc	Équateur.
M. Valladares	Rhubarbes	Guatémala.
Sanjiro Tsukushi	Graines, etc	Japon.
Coëlho G. Gomes	Graminée Bella Huma de Benguela.	Portugal.
Département de Chalatenango	Plantes	Salvador.
Département de Usulutàn	Plantes	Salvador.
Département de Santa Anna	Plantes médicinales indigènes	Salvador.
Département de San Vicente	Plantes médicinales indigènes	Salvador.
Commission de Cumana	Écorces	Vénézuéla.

LISTE DES RÉCOMPENSES.

MÉDAILLE D'OR.

M. J.-B. Segall, à Vilna (succursale à Saint-Pétersbourg).

La collection exposée par cette maison, se compose de : plantes médicinales, plantes propres à faire des teintures, plantes à essence pour la parfumerie, ferments tels que le kéfyr, et des produits provenant des animaux : musc, castoréum, cantharides.

Tous les végétaux dont se compose la collection sont des produits récoltés en Russie à l'état sauvage ou cultivés dans des jardins.

Les échantillons de musc cabardin, du castoréum et de cantharides sont très remarquables.

Le musc, surtout, qui joue un grand rôle dans la fabrication des parfums est d'une qualité supérieure.

C'est une nouvelle sorte de ce produit, connu sous le nom de *shaky*. Les animaux dont il est retiré sont tués en hiver et leurs vessies sont livrées toutes gelées aux agents de la maison Segall, ce qui implique qu'elles ont encore toutes leurs propriétés; car on sait qu'une matière dont on a retiré le suc par l'alcool ne possède plus la faculté de geler.

Toutes les plantes exposées par la maison Segall sont récoltées depuis un an, le climat froid de la Russie ne permettant pas de faire la cueillette avant les mois de juin, juillet et août. Tous les échantillons exposés ont donc un an d'existence et malgré cela leur état de conservation est parfait.

La maison Segall a développé l'exportation des cantharides, seigle ergoté, semen-contra, anis d'une façon considérable.

Elle a des représentants dans toutes les grandes villes européennes, ainsi que dans celles d'outre-mer.

La collection présentée à l'Exposition comprenait une centaine de produits qui ont coûté beaucoup de temps et de peines à réunir et représentant l'ensemble le plus complet d'articles de cueillettes que nous ayons rencontré.

MÉDAILLE DE BRONZE.

Syndicat des cultivateurs herboristes de Milly.

Quoique n'ayant pu donner une récompense supérieure à cet établissement, nous voulons cependant déroger, en sa faveur, de notre résolution de ne mentionner que les médailles d'or, non pas tant à cause de l'importance du syndicat, en lui-même, qu'en raison du but poursuivi et des résultats satisfaisants obtenus, après une aussi courte existence. Le syndicat a été formé en mai 1888 par les soins de M. Poirrier, son président, et les statuts qui le régissent nous prouvent que l'institution est sérieuse. Ses membres, presque tous illettrés et pauvres, mais très travailleurs, se donnaient isolément beaucoup de peine, sans obtenir de résultats pratiques. Ils portaient leurs marchandises à la halle et les vendaient comme ils pouvaient et aux prix que l'on voulait bien leur offrir. Grâce à leur formation en syndicat, ils ont pu prendre deux représentants à Paris chargés de défendre leurs intérêts communs, et, dès 1888, les ventes ont dépassé 30,000 francs. Pas un des membres n'a perdu une heure pour la vente, tout s'est traité par correspondance, et l'amoindrissement des frais généraux de chacun est devenu satisfaisant. Des affaires assez importantes ont pu être traitées directement avec des maisons du Havre. Dès maintenant (juillet 1889), toute la production de mélisse du syndicat, soit 15,000 kilogrammes, est vendue, et cependant, chaque jour, arrivent de nouvelles demandes qu'il est obligé de refuser.

M. Poirrier s'attache à améliorer, chez les membres du syndicat, les procédés de culture et à répandre l'emploi des engrais, en se conformant aux conseils du professeur Rivière; aussi des progrès sensibles ont-ils déjà été réalisés, tant au point de vue des quantités que des qualités.

Le *Syndicat des cultivateurs herboristes de Milly* a pleine confiance dans son entreprise basée sur les résultats déjà acquis et nous ne saurions assez lui accorder nos encouragements. Nous comptons bien qu'à la prochaine Exposition il pourra nous fournir l'occasion de constater un progrès décisif.

QUINQUINAS ET ÉCORCES.

Le quinquina ou quina, dont le pays d'origine est le Pérou où les indigènes l'appellent *kina-kina,* est de la famille des rubiacées arborescentes ou des cinchonées, du nom de la comtesse de Cinchon, femme du vice-roi de Lima, qui fit connaître, en l'important, ce produit à l'Europe en 1648. On le désigna sous le nom de *poudre de la comtesse* et sous celui de *remède des Jésuites* quand le général de cet Ordre en eût administré aux fièvres de Louis XIV.

Le quinquina, arbre ou arbrisseau, communique à son écorce amère une vertu fébrifuge d'une puissance certaine et qui en fait, avec le mercure, le seul remède vraiment spécifique; remède des dieux, comme l'appelait le docteur Moreau de Tours, quand il est appliqué à haute dose, viatique indispensable de nos explorateurs dans les climats tropicaux et paludéens, et moyen puissant de s'assurer crédit et bon accueil auprès des peuplades sauvages au milieu desquelles ils s'aventurent et qui considèrent les blancs comme ayant le don divin de guérir. Le voyageur anglais Colquhoun assure que, dans son exploration récente des régions chinoises qui confinent à la Birmanie, la mauvaise humeur des mandarins cédait toujours devant un cadeau de sulfate de quinine.

Les variétés de quinquina connues s'élèvent à plus de cent; elles se distinguent suivant la couleur de leur écorce intérieure et extérieure : gris, brun, jaune, rouge, blanc, ou suivant leur classification botanique et leurs lieux d'origine.

On a pu craindre pendant un certain temps que l'exploitation abusive qui en était faite par les Péruviens, poussés au gain par le haut prix du produit, ne vînt tarir la source même de la production. Aussi se préoccupait-on de l'acclimatation de la plante dans d'autres régions. Dès 1792, les docteurs Ruiz et Fée, de Strasbourg, faisaient des recherches à cet égard; mais ce n'est qu'en 1852 que le Gouvernement hollandais entreprit avec persévérance des essais de culture dans ses colonies de la Sonde. La tentative réussit admirablement et provoqua des imitations dans un grand nombre de pays, imitations qui furent la cause de la longue nomenclature des espèces qui sont aujourd'hui livrées au commerce. Le marché est alimenté actuellement surtout par les productions de Ceylan, de Java, de Colombie, de l'Équateur, de Bolivie, de la Jamaïque, de Mexico, de la Réunion. Le Gouvernement anglais cherche à en assurer la culture en Hindoustan, en vue surtout des soins à donner aux indigènes; l'Australie l'implante à Victoria, la France à Alger, la Russie au Caucase; mais ces derniers produits n'alimentent pas encore le marché.

Nous n'indiquerons que deux chiffres pour donner une idée de l'immense consommation du quinquina et de la grandeur des efforts qui sont faits pour sa culture. Ceylan seul exporte 15 millions de kilogrammes, et, à Java, la plantation privée compte 30 millions d'arbres à côté de celle du Gouvernement néerlandais, qui possède 1,800,000 arbres et 2,500,000 arbrisseaux dans ses pépinières. Toute cette culture se trouve favorisée par l'application du système d'écorçage employé pour le chêne-liège et qui laisse l'arbre vivant prêt pour une nouvelle récolte.

La valeur des quinquinas est appréciée suivant la puissance d'extraction des alcaloïdes de leur écorce : sulfate de quinine, cinchonine, quinidine, etc. Or il se trouve que la culture produit des espèces plus riches que les espèces sauvages et qu'ainsi les efforts de nos botanistes se trouvent largement récompensés.

Londres et Amsterdam étaient jusqu'à ces derniers temps les seuls marchés des écorces de quinquina; mais ces marchés paraissent devoir se déplacer en partie au profit d'Anvers et de Brême depuis l'ouverture des lignes subventionnées d'Allemagne à Ceylan. Il y a là pour nous une indication dont nous pourrions aisément tirer profit.

Le quinquina est apporté en *surons* contenant, enfermés dans des peaux, de 50 à 75 kilogrammes d'écorce.

TABLEAU DES EXPOSANTS PAR NATIONALITÉ.

Nombre d'exposants inscrits 15
Nombre d'exposants récompensés 9

PAYS.	COLLABORATEURS.	HORS CONCOURS.	GRANDS PRIX.	MÉDAILLES D'OR.	MÉDAILLES D'ARGENT.	MÉDAILLES DE BRONZE.	MENTIONS HONORABLES.	NON RÉCOMPENSÉS.	PAS ARRIVÉS, PAS JUGÉS.	RENVOYÉS À D'AUTRES CLASSES.	RETIRÉS.	NOMBRE des EXPOSANTS par NATIONALITÉ: INSCRITS.	NOMBRE des EXPOSANTS par NATIONALITÉ: RÉCOMPENSÉS.
France	"	"	"	"	1	1	"	"	"	"	"	2	2
Colonies	"	"	"	"	"	1	"	"	"	"	"	1	1
Bolivie	"	"	"	"	"	"	"	1	"	"	"	1	"
Brésil	"	"	"	"	1	"	1	"	"	"	"	2	2
Équateur	"	1	"	"	"	"	"	"	"	"	"	1	"
Guatémala	"	"	"	"	"	"	1	"	1	"	"	2	1
Portugal	"	"	"	"	1	"	"	"	"	"	"	1	1
Salvador	"	"	"	"	"	2	"	3	"	"	"	5	2
TOTAUX	"	1	"	"	3	4	2	4	1	"	"	15	9

LISTE DES EXPOSANTS.

G. Coutela	Écorces de quinquina	France.
C. Hoffmann	Écorces de quinquina	France.
Goizet	Quinquinas	Réunion.
A. P. de Conceção	Écorces de quinquina	Brésil.
José da Costa Sena	Écorces diverses	Brésil.
M. Valladares	Quinquinas	Guatémala.
Société géographique	Quinquinas	Portugal.
Département de Metapan	Écorce de quinquina blanc	Salvador.
Municipalité de Chalatenango	Quinquina jaune	Salvador.

L'exposant suivant a été récompensé dans la catégorie 19 (caoutchouc).

J. et C. Apparicio.............. Quinquinas....................... Guatémala.

CUEILLETTES EXOTIQUES DIVERSES.

Après l'étude que nous venons de faire des matières premières végétales qui donnent lieu au plus grand mouvement d'importation et qui sont utilisées par de nombreuses et puissantes industries, il convient de dire quelques mots d'un certain nombre d'autres produits dont l'importance commerciale ancienne ou récente est digne de fixer l'attention, comme le coca, l'orseille, la salsepareille, la rhubarbe.

Le *coca*, arbuste vigoureux, à l'écorce blanchâtre, aux fleurs jaunes et blanches, plante sacrée des anciens Péruviens, croît dans les vallées humides des Andes. Les feuilles de cette plante ont des propriétés excitantes et toniques analogues à celles du thé et du café. Les indigènes, de temps immémorial, les mélangent à un peu de terre calcaire, les mâchent et en obtiennent des résultats extraordinaires pour la réparation de leurs forces. La découverte de l'alcaloïde du coca, la cocaïne, qui est assez récente, a provoqué un mouvement d'importation très considérable de ces feuilles dont le prix est assez élevé. La cocaïne est un anesthésique puissant dont les propriétés médicales sont particulièrement appréciées pour produire l'insensibilité des muqueuses et faciliter un grand nombres de procédés opératoires.

L'*orseille*, est une matière colorante tirée d'un grand nombre de lichens. Les couleurs jaune, rouge, pourpre, violet, bleu, sont obtenues, suivant l'espèce du lichen, par la putréfaction de la plante dans l'eau, l'urine et la chaux. C'est principalement à l'orseille que les anciens demandaient la couleur pourpre si estimée chez eux et dont la valeur était grande; ils la tiraient des lichens de mer récoltés en Corse, aux îles Canaries et au Cap-Vert par les navigateurs phéniciens. Les lichens de terre que produisent la Scandinavie, les Alpes, les Cévennes fournissent une bonne matière colorante dont nos teintures tirent usage. Toutefois la production chimique si merveilleuse des couleurs tirées de la houille a de beaucoup diminué l'importance des plantes tinctoriales.

La *salsepareille*, dont la consommation pharmaceutique est considérable comme dépuratif, nous vient du Brésil sous la dénomination de *salsepareille du Portugal* et *de Chine*. L'Italie produit une plante de la même famille à propriétés semblables mais non puissantes.

La *rhubarbe* est une plante analogue à l'oseille dont les nombreuses variétés sont fort appréciées par la médecine. La plus employée est la rhubarbe du Levant, tirée des Indes-Orientales et qui possède à un haut degré des vertus toniques, stomachiques et purgatives. Les racines de la rhubarbe du Volga et de celle de Perse fournissent des apéritifs toniques et rafraîchissants.

OBSERVATIONS GÉNÉRALES PAR PAYS.

Nous nous sommes efforcé de tenir compte dans les rapports spéciaux de la production de chacun des pays qui se sont présentés à notre examen; de plus nous avons donné la liste des récompenses faisant connaître le nom et l'origine des exposants; nous aurions donc pu nous borner à ces diverses indications qui permettent à chacun de se faire une opinion sur la valeur et l'intérêt des maisons et des objets que le jury a eus à apprécier. Toutefois, pour éviter, dans la mesure du possible, toute omission de nature à nuire à une étude comparative, nous allons reprendre, avec les réflexions qu'elle comporte, la nomenclature de tous les articles apportés dans la classe 43. Ce résumé aura surtout de l'intérêt pour les pays extra-européens qui se sont présentés pour la première fois à une exposition universelle.

EUROPE.

Belgique. — Apprêteurs, lustreurs en pelleteries. — Pièges pour carnassiers. — Naturalisation. — Crins.

Situation à peu près semblable à celle de 1878. Développement du chiffre des affaires, mais peu de progrès dans les procédés de fabrication. La concurrence à l'industrie française est à signaler seulement pour les peaux teintes.

Danemark. — Fourrures, pelleteries. — Huiles de poissons. — Engins de pêche.

Espagne et colonies. — Naturalisation. — Filets. — Engins de chasse et de pêche. — Éponges. — Écaille. — Nacre. — Miel. — Cire. — Gomme.

Les exposants d'éponges de l'île de Cuba ont présenté des produits du plus grand intérêt.

Grande-Bretagne. — Articles de pêche. — Hameçons. — Cornes. — Miel.

France. — Pelleteries et fourrures. — Apprêteurs. — Lustreurs. — Coupeurs de poils. — Housses en peau de mouton. — Appareils spéciaux pour la pêche en eaux profondes. — Filets, nasses et engins de chasse et de pêche. — Naturalisations. — Yeux artificiels. — Plumes et duvets. — Crins. — Soies de porc. — Baleines véritables et de corne. — Ivoire. — Éponges. — Perles. — Mi-perles. — Nacres. — Quinquinas. — Gommes. — Cueillettes.

Colonies et Pays de protectorat français. — Pelleteries et fourrures. — Huile de foie de morue. — Naturalisation. — Engins et produits de chasse et de pêche. — Plumes d'autruche. — Cornes. — Écaille. — Ivoire. — Corail. — Éponges. — Nacres. — Caoutchouc. — Quinquinas. — Gommes. — Résines. — Cire.

Grèce. — Éponges.

Italie. — Crins.

Monaco. — Appareils spéciaux pour la pêche en eau profonde.

Cette exposition provoquée par S. A. le prince de Monaco présente le plus grand intérêt à raison des expériences concluantes auxquelles a été soumis le matériel des explorations savantes du *Talisman* dans les mers les plus profondes.

Norvège. — Fourrures. — Pelleteries. — Huiles de baleine et de poisson. — Engins de pêche. — Naturalisation.

Cette exposition, qui contenait des articles similaires à ceux du Danemark, était remarquable par le bel agencement et la riche variété des produits.

Pays-Bas et Colonies. — Naturalisation. — Écailles. — Éponges. — Nacres.

Portugal et Colonies. — Engins et produits de la pêche. — Naturalisation. — Ivoire. — Corail. — Caoutchouc. — Quinquinas. — Cueillettes.

Cette exposition, digne de tous les éloges au point de vue de la disposition, de la variété et de l'abondance des échantillons, méritait une attention particulière pour l'étude des questions coloniales. Les vieilles traditions colonisatrices du Portugal s'y montrent dans toute leur force et prouvent la richesse que recèlent les colonies africaines. A ce titre surtout, l'exposition portugaise a été un enseignement pour nous. L'initiative privée a été ingénieuse, courageuse chez les Portugais et a été constamment assistée par les efforts du Gouvernement, non sous la forme d'une ingérence administrative, mais sous celle, seule désirable, d'une protection pour les colons libres. Deux compagnies de navigation subventionnées relient la métropole aux colonies; elles ne sont astreintes qu'à des vitesses modérées qui permettent aux armateurs de travailler à prix réduits.

Les produits naturels des côtes d'Afrique, en effet, ne peuvent supporter que des frets très bas. Empruntons au Portugal ses doctrines économiques sur ce point.

Roumanie. — Fourrures. — Produits de la pêche. — Soies de porc. — Ambre de Bouzes.

Proportionnellement à l'importance du pays l'exposition roumaine a été très remarquable et d'une grande valeur. Quatre exposants sur six ont été récompensés.

Russie. — Fourrures. — Pelleteries. — Apprêteurs. — Lustreurs. — Engins de pêche. — Naturalisations. — Soies de porc. — Cueillettes.

L'exposition de fourrures russes a été d'une beauté et d'une importance exceptionnelles, et a amplement justifié la haute récompense qui lui a été attribuée. Au point de vue commercial, regrettons que le système douanier russe nous mette dans une quasi-impossibilité de rechercher en Russie l'écoulement des produits similaires à ceux qu'elle nous envoie. Cette observation ne s'applique pas aux autres produits exposés, car nous tirons d'une façon courante de ce pays les matières premières qui nous ont été soumises.

Finlande. — Engins et produits de la chasse et de la pêche.

Cette exposition était remarquable par son développement et le goût qui y avait présidé. Elle avait été organisée par une société privée de pêcheurs et de chasseurs finlandais qui avaient groupé des spécimens uniques de loups, d'ours et d'autres bêtes parfaitement naturalisées, à côté des engins de la chasse.

Suède. — Fourrures.

Exposition remarquable d'un seul exposant.

Suisse. — Crins.

PAYS HORS D'EUROPE.

Amérique du Sud. — Les Républiques de Bolivie, Chili, Équateur, Colombie, Guatémala, Paraguay, Salvador, Nicaragua, Uruguay, Vénézuéla et la République Dominicaine ont tenu à figurer à notre Exposition le plus brillamment possible et à se constituer un domaine spécial portant bien le cachet du pays d'origine. Les efforts ont été très grands de la part de chacun et sont un gage du prix que ces pays attachent à l'accroissement de leurs relations avec la France. L'Équateur, le Guatémala et le Nicaragua avaient notamment donné à leurs expositions d'oiseaux à plumages, dont ils font un commerce très important avec la France, un soin particulier qui faisait merveilleusement valoir leurs beaux produits.

Ces diverses expositions comportaient : Pelleteries et fourrures. — Peaux pour tanneries (Uruguay). — Huiles de poissons. — Engins de pêche. — Naturalisation. — Plumes. — Crins. — Cornes. — Écailles. — Corail. — Coquillages. — Caoutchouc. Quinquinas. — Gommes. — Résines. — Cire. — Cueillettes diverses.

Ces nombreux articles d'échange ont une importance d'autant plus grande que tous ces pays, de race latine, ne demandent qu'à acheter chaque jour davantage les produits fabriqués français qui rentrent plus particulièrement dans leurs goûts. Nos industries ont besoin de toutes les matières premières du Sud-Amérique; il leur appartient donc de s'assurer sur ces marchés une situation prépondérante que l'Amérique du Nord surtout tend à leur disputer.

République Argentine. — Pelleteries. — Fourrures. — Peaux pour tannerie. — Naturalisation. — Plumes d'autruche et de cygne. — Crins. — Écaille. — Cueillettes.

L'exposition argentine avait un éclat qui est resté dans le souvenir de tous et qui justifiait la situation grandissante de ce pays dans le commerce international. L'abondance et le soin avec lesquels cette exposition avait été organisée ont fait valoir toute l'importance des richesses que contient le sol argentin qui n'est entré que d'hier dans le mouvement de la civilisation; il y a conquis d'emblée une place abondamment récompensée par notre jury. Il ne nous paraît pas superflu de faire ressortir cette prospérité surprenante en juxtaposant les données statistiques d'une période de dix ans, de 1878 à 1889. La population s'y est élevée de 2 millions et demi à 4 millions d'habitants grâce à une immigration annuelle qui a progressé de 40,000 à 250,000 colons. Le sol cultivé a passé de 300,000 à 2 millions et demi d'hectares; la production des céréales de 80 à 300 millions; celle de l'élevage de 350 à 580 millions.

L'exportation des grains était de 20,000 tonnes; elle est de 700,000. Le mouvement du commerce extérieur était représenté par 1,700,000 tonnes de navigation; il est de 9,200,000 tonnes. La statistique commerciale indiquait un chiffre d'affaires de 400 millions qui sont devenus 1,200 millions. Les chemins de fer ont passé de 1,950 kilomètres à 7,700 kilomètres; les revenus publics de 95 à 300 millions.

Cet essor prodigieux, qui surexcite peut-être surabondamment l'enthousiasme et l'esprit d'entreprise des Argentins, se heurtera sans doute à des mécomptes. Mais quelles que soient les leçons que puissent recevoir les impatiences d'un pays neuf, il est indéniable que les faits justifient les plus grandes espérances et que la République Argentine est un champ immense et fructueux ouvert à la colonisation.

Brésil. — Peaux diverses. — Colles de poissons. — Engins de pêche. — Écaille. — Éponges. — Coca. — Caoutchouc. — Quinquina. — Résines.

La commission brésilienne, née de l'initiative privée et qui était dirigée par des hommes éminents, avait organisé une exposition des plus remarquables par le goût des dispositions et la composition scientifique des échantillons des matières premières. Le Brésil trouve en elles une de ses plus précieuses sources de revenus et de transactions avec la France; le caoutchouc y figure à la première place, mais l'ensemble des objets exposés donne une idée puissante des ressources inépuisables de ce pays.

Cap de Bonne-Espérance. — Plumes d'autruche.

Belle exposition que nous avons examinée dans un rapport spécial. Nous regrettons que les achats considérables que nous faisons de cette matière première n'aient pas encore provoqué chez nous l'essai de l'importation directe; nous continuons à nous fournir sur le marché de Londres.

Égypte. — Plumes d'autruche.

États-Unis. — Fourrures. — Engins de chasse et de pêche. — Naturalisation. — Éponges. — Perles.

Nous avons fait vivement ressortir déjà l'esprit d'entreprise de ce grand peuple et l'énergie qu'il apporte au développement des œuvres véritablement nationales. Quelque restreinte qu'elle fût, l'exposition des États-Unis donnait la plus grande idée de leur génie industriel et commercial et, à ce titre, était pleine d'enseignement pour tous. Au moment où les États-Unis pratiquent des doctrines économiques que nous persistons à juger aussi contraires à leurs propres intérêts qu'elles le sont aux nôtres, il y a peut-être naïveté à rendre un si complet hommage aux Américains. Un temps prochain sans doute démontrera l'inanité de leur politique économique par les perturbations sociales qu'implique le régime de la protection à outrance; ce qui restera et ce que nous devons étudier sans nous lasser, ce sont les conditions modernes du développement de la richesse qu'aucun peuple ne comprend et ne pratique mieux.

Hawaï. — Engins de chasse et de pêche.

Nous devons une mention spéciale à cette exposition qui se présentait dans un élégant pavillon fort intéressant au point de vue de la collection d'objets divers qui y étaient présentés. Mais comment expliquer le singulier contraste qu'offrent, par exemple, l'exposition d'engins de pêche d'une confection rudimentaire, sauvage, et le développement remarquable dans ce même pays d'institutions civilisées comme le télégraphe et le téléphone?

Japon. — Huiles diverses de poissons. — Engins de pêche. — Naturalisation. — Coquillages. — Cire. — Cueillettes.

Nous regrettons, et nos regrets sont augmentés par la qualité des produits exposés, que cette exposition n'ait pas eu un développement plus considérable. Chaque exposition marque un progrès considérable sur la précédente au point de vue de la préparation industrielle et du goût original que les Japonais savent imprimer à leurs produits. En dehors de leur génie naturel, les Japonais sont aidés puissamment dans leurs efforts par le soin que prend le Gouvernement d'ouvrir les voies à tous les progrès. Nous avons pu constater que les procédés les plus perfectionnés sont appliqués à toutes les fabrications.

Mexique. — Pelleteries. — Fourrures. — Écailles. — Éponges. — Nacre et coquilles. — Caoutchouc.

A côté du développement considérable donné à son exposition, le Mexique a su former une collection aussi complète et instructive que possible de ses produits; elle marque un progrès considérable sur les expositions précédentes. Les éponges du Yucatan, d'exploitation récente, valent celles de Cuba. L'écaille, de la même contrée, est l'objet d'une exportation sérieuse. Les nacres du golfe de Californie et celles de Tabasco sont très estimées aux États-Unis et en Europe.

Nouvelle-Zélande. — Naturalisation.

Deux collections d'animaux naturalisés ont attiré toute notre attention par la façon remarquable dont elles étaient montées.

République Sud-Africaine ou Transwaal. — Pelleteries. — Peaux. — Oiseaux. — Plumes d'autruche.

L'exposition était faite par le Gouvernement dans un pavillon aménagé avec goût et qui offrait un vif intérêt. Nous y avons acquis la conviction que la France aurait grand avantage à entrer en relations directes avec ce pays qui lui donne toutes ses sympathies.

L'élevage de l'autruche est l'objet des soins les plus intelligents de la part d'un grand nombre de fermiers du pays dans la région de Prétoria et de Potchefstroom; le climat lui est très favorable et le maïs, donné comme nourriture, croît bien. Nul doute que la période de l'exportation ne réserve bientôt des bénéfices sérieux à cette entreprise.

La naturalisation des oiseaux communs paraît se développer sérieusement.

Les fourrures exhibées, préparées par les Cafres, fort habiles à joindre et à coudre les peaux, sont très appréciées et atteignent un prix élevé, vu la quantité considérable exportée par les colonies du Natal et du Cap.

Le nord du pays est riche en antilopes, chamois, cerfs, élans, gazelles. Leurs cornes très recherchées constituent un article de commerce important. Dans le Nord également, on fait, en hiver, la chasse de l'éléphant. L'ivoire se vend à Natal et au Cap et va sur le marché de Londres.

La cire, provenant d'abeilles sauvages, et le caoutchouc se vendent en grandes quantités aux négociants portugais de Delagoa-Bay; l'établissement prochain d'un chemin de fer accroîtra l'importance de ce trafic.

Cette vaillante petite nation, gênée par les configurations géographiques, a une grande difficulté à se mettre en communication avec le reste du monde, mais, sans doute, ces difficultés seront résolues au profit des intérêts qui sont actuellement étouffés. Nul n'y applaudira plus sincèrement que nous qui avons eu l'occasion de constater le grand mouvement de sympathie attirant vers la France ce pays qui a été guidé vers la civilisation par les émigrés de nos guerres de religion. C'est avec enthousiasme que le Tranvaal, le pays des Boërs, est accouru à notre exposition.

Victoria. — Fourrures. — Pelleteries. — Naturalisation. — Plumes d'autruche.

Au milieu de la remarquable exposition de laines, qui devait naturellement former le fond de la section australienne, nous avons été heureux de rencontrer trois exposants présentant un intérêt réel pour notre classe et de pouvoir leur décerner de sérieuses récompenses.

COLONIES FRANÇAISES.

Nous avons relevé plus haut, à côté des produits exposés par la France, ceux qui nous avaient été apportés par nos colonies et par les pays de protectorat. Ils comprennent, à peu d'exceptions, toute la nomenclature de ceux que la classification du catalogue attribue à la classe 43, et constituent, dès lors, un ensemble de richesses nationales inappréciables pour la prospérité publique.

Comme nous l'avons dit, un grand courant d'entreprises paraît se former depuis quelques années pour la mise en valeur de nos ressources coloniales. Vieilles et nouvelles possessions attendent des initiatives de la mère patrie la mise en œuvre des matières premières qu'elles peuvent produire et qu'elles ne demandent qu'à arracher de leur sol pour favoriser l'industrie française. Ce qu'il leur faut, avant tout, c'est le développement de lignes de navigations à services réguliers qui les relient à la métropole, qui donnent à leur énergie le soutien, avec le prestige, qu'assure l'apparition fréquente de nos couleurs sur leurs rivages, et qui leur facilitent l'importation directe de leurs produits sur nos marchés.

L'exposition permanente des colonies à Paris permettait, depuis sa création, de suivre les progrès de la production coloniale; mais quelle preuve plus complète et plus brillante nous en a été fournie par la prestigieuse manifestation de l'Esplanade des Invalides en 1889! Tous les joyaux de la France d'Afrique, d'Asie, d'Amérique et d'Océanie se sont présentés dans tout leur éclat, avec leurs plus belles parures, et c'est avec une joyeuse fierté que nous les énumérions et les visitions. Au nombre de dix-neuf, nos colonies s'étaient groupées dans cette partie de l'Exposition qui paraissait jouir des faveurs un peu exclusives des visiteurs du monde entier et qui, comme un symbole de la puissance et de la fierté françaises, voyait s'élever au milieu d'elle le palais du Ministère de la guerre. Il y avait là l'Algérie, la Cochinchine, le Gabon-Congo, la Guadeloupe, la Guyane française, l'Inde française, Kerguélen, la Martinique, Mayotte, Nossi-Bé, la Nouvelle-Calédonie, la Réunion, Saint-Pierre et Miquelon, le Sénégal, Taïti, l'Annam-Tonkin, le Cambodge, Madagascar, la Tunisie.

Le plus grand nombre de ces pays produisent des matières de même nature; nous croyons donc inutile, et il serait fastidieux de reproduire, à l'occasion de chacun d'eux, la nomenclature des ressources qu'ils nous offrent, d'autant que nous avons eu l'occasion de le faire dans les études particulières à chaque produit. Bornons-nous à constater les grands progrès d'initiative individuelle que révèlent ces expositions et rendons hommage à l'ordre, à la méthode, à la conception pratique avec lesquels elles ont été présentées.

Il nous aurait plu d'offrir un tableau complet des dernières venues des colonies, l'Annam-Tonkin et Madagascar; mais les temps héroïques de la conquête sont d'hier et ce n'est pas au milieu des troubles et des incertitudes que les champs nouveaux que nous avons à y exploiter ont pu livrer ni révéler leurs secrets. Ce dont nous sommes assurés, c'est que l'Annam-Tonkin est une région fertile pour la chasse, la pêche, la cueillette et que c'est une porte largement ouverte, et la plus commode de toutes, pour jeter notre fabrication au cœur de l'immense empire chinois aux 400 millions d'habitants, et pour en retirer des ressources incalculables. Il y a là de quoi tenter, à l'ombre de notre drapeau, toutes les entreprises.

Quant à Madagascar, cette ancienne et nouvelle possession, où l'on a récemment retrouvé, avec les traces de notre colonisation d'il y a deux cents ans, le souvenir de la France et jusqu'à sa langue, son exposition montre que ses propres richesses en matières premières sont suffisantes pour alimenter une large exportation et donne l'espoir que ces produits d'échange nous permettront d'y acclimater peu à peu notre importation fabriquée.

En Nouvelle-Calédonie, l'exposition faite par les colons nous a appris l'existence d'une matière presque inexploitée jusqu'ici, ou dans des proportions bien moindres qu'il ne faudrait, la gomme de *kaori,* produit fossile, très précieux pour les vernis, dont la valeur atteint jusqu'à 3,000 francs la tonne et qui était connue sous le nom de *gomme de Sydney*. L'exploitation pourrait en être portée, paraît-il, à plusieurs centaines de tonnes; mais il faudrait nous en assurer le bénéfice et en faire l'importation directe au lieu de tenir la marchandise des marchés de Sydney et de Londres. Nous en dirons autant d'une autre production calédonienne, la *résine araucaria.*

Nous avons à cœur de nous arrêter avec quelques détails sur notre colonie du Sénégal, parce qu'il n'en est pas où les jalons d'un brillant avenir aient été plantés avec une intelligence plus ferme, grâce aux efforts combinés de notre politique, de nos soldats et de l'initiative privée. Au milieu des menaces et des révoltes que nous suscite le fanatisme musulman, les explorations se sont poursuivies sans relâche sur tout le cours du Sénégal et de ses affluents, appuyant notre influence par l'établissement de postes fortifiés.

Plus récemment, le grand fleuve Niger, dont nous tenons les sources, a été ajouté à la zone de nos possessions et a livré ses eaux à nos canonnières qui ont promené notre pavillon jusqu'en vue de Tombouctou. Plus récemment encore, l'énorme boucle du Niger a été reconnue, et nos officiers, pionniers admirables, dont l'intelligence ethnographique et économique est à la hauteur de l'héroïsme, y ont dressé les cartes de régions absolument inconnues.

Surexcitées par les récompenses que les conventions diplomatiques les plus récentes assurent, dans le Soudan central, aux plus actifs et aux plus diligents, des expéditions officielles et privées se hâtent, en ce moment même, vers le lac Tchad. Les rives occidentales de cet immense réservoir, où paraissent s'alimenter tous les cours d'eau du Soudan, nous ont été réservées et nous nous efforçons d'y atteindre par la partie du Niger moyen qui nous appartient et par les voies, non reconnues encore, qui relient le grand lac central au cours de l'Oubanghi, c'est-à-dire au Gabon-Congo français.

La mainmise sur ces contrées qui, au nord du lac Tchad, vont rejoindre les frontières de la Tunisie a, pour la France, un intérêt capital, car elle groupera, aux portes de Marseille, de Toulon et sous la haute tutelle de notre florissante colonie d'Algérie, les tronçons aujourd'hui encore disjoints d'un colossal empire africain.

Quelles richesses pouvons-nous en espérer? Nous ne nous aventurerons pas à les détailler, ne voulant pas substituer les espérances de notre imagination et de notre patriotisme aux données positives que nous ne possédons pas toutes encore. Ce que nous savons cependant, par les relations autorisées de Nachtigal, Lenz, Gallieni, Binger et tant d'autres, c'est que les populations se pressent compactes dans tout le Soudan central et que le pays, dès lors, offre des ressources abondantes. Nous savons que des forêts incommensurables couvrent toute la région dans les parties qui ne sont pas cultivées ni montagneuses, et que le sol vierge, formé d'une couche profonde de terreau, est d'une fertilité étonnante. Ces forêts renferment les essences les plus variées, dont la plus abondante et la plus précieuse en même temps est le karité, ou arbre à beurre, ou *beurre de Galam,* qui serait une source inépuisable pour la fabrication des huiles communes, des savons, des bougies. A côté du karité, le *kola,* arbre magnifique, de l'aspect du châtaignier, en plein rapport à l'âge de 10 ans, fournit une récolte annuelle de graines de 40 à 50 kilogrammes. Ces graines constituent un aliment riche et excitant de la nature du thé, du café, du maté et du coca, dont les indigènes forment, avec le miel et le lait, un breuvage excellent et dont le colonel Gallieni, qui en mâchait pendant ses étapes nocturnes, appréciait hautement les vertus. La noix de kola est un produit en quelque sorte sacré pour les indigènes et sur lequel ils font prêter serment; elle donne lieu à un important trafic intérieur; son principal marché est Tombouctou. Toutes ces ressources, nous pourrons les importer chez nous quand les voies de pénétration seront mieux ouvertes. C'est par les cours d'eau que nous commencerons et par les chemins de fer que nous finirons.

Avons-nous, pour justifier ces pronostics, à faire fonds sur l'énergie de notre négoce? L'étude de ce que nous avons déjà fait au Sénégal est de nature à nous rassurer à cet égard.

Antérieurement au développement de notre puissance militaire, des comptoirs s'étaient fondés sur cette longue côte qui, de Dakar, s'étend jusqu'au Gabon. Le système fluvial qui caractérise toute cette région et qui l'arrose par une innombrable quantité de fleuves côtiers semble disposé tout exprès pour amener au rivage les produits de l'intérieur. A partir de 1882, M. Verminck, négociant et armateur de Marseille, s'y était déjà assuré en quelque sorte le monopole du commerce des arachides et avait fondé la *Compagnie du Sénégal et de la Côte occidentale de l'Afrique.* Sous son énergique impulsion, tout un essaim de comptoirs s'était répandu sur les côtes et sur les Rivières du Sud, dans les possessions françaises et anglaises et dans la République de Libéria; ces comptoirs étaient reliés entre eux par une flottille de ravitaillement, goélettes, cotres et autres bateaux, et rattachés au siège social à Marseille par le service régulier d'une flotte à vapeur et à voiles jaugeant 2,350 tonneaux.

Cette première Compagnie est devenue, en 1885, la *Compagnie française de l'Afrique occidentale;* elle étend son action du 16° au 6° degré de latitude Nord, sur 800 milles marins de la Sénégambie et du Bas-de-Côte ou pays des Rivières du Sud; 2 agences en chef, 9 agences principales, 6 sous-agences et 29 factoreries, dirigées par des employés européens, exploitent le pays avec le concours de plusieurs factoreries secondaires dirigées par des indigènes. Ces comptoirs, protégés par des postes militaires, occupent

90 agents et employés européens et ont des succursales à Paris, Londres et Liverpool. L'importation s'applique aux produits suivants : graines d'arachides, palmistes, sésames, huiles de palmes, caoutchouc, gommes du Sénégal, arabiques et de copal, cuirs, gingembre, bois de teinture, cire, café, piment, ivoire, fèves de Calabar, écaille, or natif en bagues.

Le trafic local, qui se fait par l'intermédiaire des factoreries, comprend le riz, le mil, les noix de kola, le coton, le karité.

De Sénégambie particulièrement, nous tirons les arachides en coques pour huiles comestibles et les gommes. Les Rivières du Sud fournissent surtout les arachides secondaires, les palmistes, sésames, cuirs, caoutchouc, et en faibles quantités les autres produits.

Tout le commerce est alimenté par les Foulahs, natifs du Fouta-Djalon, et par les habiles trafiquants de Sierra-Leone, sujets anglais.

Nous exportons dans ces pays des tissus, vêtements, spiritueux, liqueurs, sucre, farines, biscuits, conserves, bougies, huiles, tabacs, meubles, bois, matériaux de construction, sel, fer, poteries, charbon.

L'importation représentait, pour la seule Compagnie française, une valeur de 5 millions et demi en 1886, de 7 millions en 1887 et de 7 millions et demi en 1888.

Ce que nous disons de la Compagnie française de l'Afrique occidentale, nous pourrions le dire d'autres maisons de premier ordre de Marseille et de Bordeaux, car nos établissements français dans ces parages sont nombreux.

Nous avons admiré, parfaitement organisée et classée, l'exposition de toute cette prospérité et ne savions ce que nous devions le plus applaudir, des richesses qu'on nous montrait ou des exceptionnelles qualités colonisatrices qui se révélaient à nous. Le signe le plus frappant en était la présence à Paris, comme exposants, du roi des Trarzas, du chef des Oualo, du chef des Lam-Toro, à côté des représentants de notre puissance politique, le contre-amiral Vallon, les administrateurs coloniaux et les négociants explorateurs comme MM. Zweifel et Moustier, à qui nous devons, sur l'initiative de M. Verminck, la découverte des sources du Niger.

Devant cette manifestation éclatante de notre valeur, nous renonçions avec joie à nos préjugés qui veulent, appuyés, hélas! sur trop d'exemples, que les Français ne sachent exploiter leurs colonies qu'en y déversant des fonctionnaires, qui ne rêvent eux-mêmes que du retour dans la métropole.

Le Gouvernement a pleine conscience de l'œuvre grandiose qui se poursuit dans l'Afrique occidentale. Par une heureuse coïncidence, il inaugurait, presque en même temps que l'Exposition, un service postal alternatif entre Marseille et le Havre, desservant la côte occidentale. Il lui reste à favoriser le développement de la marine marchande et à persévérer dans la voie si heureusement ouverte par la loi du 31 janvier 1881, attribuant des primes de navigation à la marine marchande au long cours.

GRANDS PRIX

ACCORDÉS À DES GOUVERNEMENTS OU COMMISSARIATS ÉTRANGERS POUR L'IMPORTANCE DE LEURS EXPOSITIONS SPÉCIALES À LA CLASSE 43.

Brésil	1
Guatémala	1
Norvège	1
Russie	1
TOTAL	4

LISTE DES EXPOSANTS.

COMMISSARIAT GÉNÉRAL DU BRÉSIL	Brésil.
GOUVERNEMENT DE LA RÉPUBLIQUE DE GUATÉMALA	Guatémala.
COMMISSION DE LA NORVÈGE	Norvège.
COMMISSARIAT DE LA SECTION RUSSE	Russie.

LISTE DES RÉCOMPENSES.

GRANDS PRIX.

Commissariat général du Brésil.

Le Commissariat général du Brésil, pour lequel nous avons demandé un grand prix, présente pour les produits de notre classe un intérêt tout spécial.

Les échantillons qui nous ont été soumis portaient principalement sur les caoutchoucs, les peaux de chèvres et chevreaux, les résines et les quinquinas, sans parler des nombreux produits de la cueillette, de la chasse et de la pêche, tels que la feuille de coca, etc.

Les renseignements que nous avons pu nous procurer ne nous permettent pas de déterminer, comme nous le voudrions, les chiffres exacts des principaux articles susnommés. Cependant, nos données premières et les renseignements fournis nous mettent à même d'indiquer, pour les peaux de chèvres de la province de Ceara seule, une exportation s'élevant à 2 ou 3 millions de francs. Pour les caoutchoucs, pour les deux provinces réunies de Ceara et de Para, l'exportation est de 110 millions de francs pour caoutchoucs fins et ordinaires. Grâce à ces produits, dont une notable partie vient en France, nos relations d'exportation ont pris un grand développement avec le Brésil, et nous avons pensé que, devant les efforts considérables faits par le Commissariat général pour figurer dignement à notre Exposition, il était du devoir de notre classe de solliciter en sa faveur le diplôme d'honneur.

Gouvernement de la République de Guatémala.

Se fait remarquer dans son pavillon par une exposition complète d'écorces de quinquinas, de résines, de gommes, de caoutchoucs et surtout d'oiseaux du pays. Toutes ces collections, présentées avec un soin et un goût particuliers, font preuve de l'importance que ce gouvernement attache au développement de la recherche et de la culture de ces matières premières. Il est parvenu depuis 1878, époque à laquelle notre classe appelait déjà l'attention du jury supérieur sur le bien-fondé d'une

IMPRIMERIE NATIONALE.

récompense exceptionnelle à accorder à cette république, à développer considérablement l'exportation de ces produits. L'industrie française en aura largement profité par un commerce d'échange qui ne cesse de progresser.

Commission de la Norvège.

Mérite une mention spéciale pour l'ensemble de son exposition au point de vue des engins et des produits de la pêche. Cette industrie, qui forme l'une des branches essentielles de la prospérité du pays, devait forcément attirer notre attention, et nous avons remarqué des collections et des documents qui, nous l'espérons, auront provoqué l'étude sérieuse des personnes qui s'occupent particulièrement de tout ce qui touche à cette industrie. Il est très regrettable qu'ayant eu à juger les huiles de baleine, de phoque et de foie de morue des pays étrangers, nous n'ayons pas eu à nous prononcer sur les mêmes huiles provenant des pêcheries françaises. A ce point de vue l'élément de comparaison nous a donc fait défaut, mais n'a atténué en rien dans notre esprit la distinction spéciale que nous demandons pour ce pays.

Commissariat de la section russe.

Avons-nous besoin de plaider la cause de cette section qui dans son ensemble a été l'une de nos agréables surprises et de parler de l'effort qui a été fait par ce commissariat plus spécialement dans son exposition de fourrures? Cet article qui, depuis les plus rares jusqu'aux vêtements doublés de peau de mouton, est et restera de première nécessité en Russie, représente pour ce pays un chiffre d'affaires considérable. Grâce aux efforts de ce commissariat, un nombre important de fourreurs russes de toutes catégories a répondu à l'appel, et c'est cet ensemble d'efforts, ainsi que le résultat obtenu que nous demandons au jury supérieur de vouloir bien consacrer par le diplôme que nous sollicitons pour le commissariat organisateur.

NOMENCLATURE DES PAYS REPRÉSENTÉS DANS LA CLASSE 43.

France.
Colonies françaises (Exposition perm.).
Algérie.
Cochinchine.
Gabon-Congo.
Guadeloupe.
Guyane française.
Inde française.
Kerguelen.
Martinique.
Mayotte.
Nossi-Bé.
Nouvelle-Calédonie.
Réunion.
Saint-Pierre et Miquelon.
Sénégal.
Tahiti.
Annam-Tonkin.
Cambodge.
Madagascar.
Tunisie.
République Argentine.
Belgique.
Bolivie.
Brésil.
Cap de Bonne-Espérance.
Chili.
Colombie.
Danemark.
République Dominicaine.
Égypte.
Équateur.
Espagne et colonies.
États-Unis.
Grande-Bretagne.
Grèce.
Guatémala.
Hawaï.
Italie.
Japon.

Mexique.
Monaco.
Nicaragua.
Norvège.
Nouvelle-Zélande.
Paraguay.
Pays-Bas et colonies.
Portugal et colonies.
Roumanie.
Russie.
Finlande.
Salvador.
Serbie.
République Sud-Africaine.
Suède.
Suisse.
Uruguay.
Vénézuéla.
Victoria.

RÉSUMÉ PAR PRODUITS.

Nombre d'exposants inscrits.. 714
Nombre d'exposants récompensés.................................... 415

PAYS.	COLLABORATEURS.	HORS CONCOURS.	GRANDS PRIX.	MÉDAILLES D'OR.	MÉDAILLES D'ARGENT.	MÉDAILLES DE BRONZE.	MENTIONS HONORABLES.	NON RÉCOMPENSÉS.	PAS ARRIVÉS, PAS JUGÉS.	RENVOYÉS À D'AUTRES CLASSES.	RETIRÉS.	NOMBRE des EXPOSANTS par NATIONALITÉ	
												INSCRITS.	RÉCOMPENSÉS.
Pelleteries, fourrures	//	1	2	10	14	18	44	33	1	1	2	126	88
Apprêteurs, lustreurs, coupeurs de poils	//	1	//	11	12	//	//	//	1	//	//	25	23
Peaux brutes pour tannerie	1	//	//	1	//	3	//	//	1	2	//	7	4
Naturalisation	//	3	2	7	16	33	23	8	7	3	6	108	81
Crins et soies de porc	//	//	1	2	9	3	3	//	//	1	//	19	18
Cornes imitation baleine	//	//	//	2	1	1	4	1	2	1	1	13	8
Ivoire	//	//	//	2	1	3	1	2	1	//	1	11	7
Appareils de pêche en eaux profondes	//	//	//	//	2	1	//	//	//	1	//	4	3
Filets	//	//	//	1	2	3	1	//	//	//	//	7	7
Pêche fluviale	//	4	//	5	11	6	18	15	19	5	1	84	40
Nasses et pièges	//	//	//	//	2	2	1	//	//	//	//	5	5
Perles, nacre, coquilles	//	//	1	2	2	1	7	1	//	//	2	16	13
Corail et éponges	//	2	//	2	3	2	2	//	//	//	2	13	9
Écaille	//	//	//	//	2	4	2	3	//	//	//	11	8
Baleines véritables	//	//	//	//	1	//	//	1	//	//	//	1	1
Huiles, graisses de poisson	//	//	//	1	2	6	5	3	1	1	//	19	14
Caoutchouc	//	1	1	2	5	8	10	6	//	2	//	35	26
Gommes, résines, cires	//	//	//	1	1	10	8	4	//	//	1	25	20
Quinquinas	//	1	//	//	3	4	2	4	1	//	//	15	9
Cueillettes	//	//	//	1	5	11	10	13	5	44	1	90	27
Divers	//	//	4	//	//	//	//	22	35	16	3	80	4
TOTAUX	//	13	11	50	94	119	141	115	74	77	20	714	415

TABLEAU DES EXPOSANTS

AVEC LA DÉCOMPOSITION DES RÉCOMPENSES OBTENUES PAR NATIONALITÉ.

PAYS.	COLLABORATEURS.	HORS CONCOURS.	GRANDS PRIX.	MÉDAILLES D'OR.	MÉDAILLES D'ARGENT.	MÉDAILLES DE BRONZE.	MENTIONS HONORABLES.	NON RÉCOMPENSÉS.	PAS ARRIVÉS, PAS JUGÉS.	RENVOYÉS À D'AUTRES CLASSES.	RETIRÉS.	NOMBRE des EXPOSANTS par NATIONALITÉ	
												RÉCOMPENSÉS.	INSCRITS.
France	″	3	4	21	34	20	7	2	″	3	3	97	86
Exposition permanente des colonies	″	″	″	1	″	″	″	″	″	″	″	1	1
Algérie	″	″	″	″	2	4	4	6	8	″	″	24	10
Cochinchine	″	″	″	″	″	3	1	3	″	″	1	8	4
Gabon-Congo	″	″	″	″	″	1	2	1	″	″	1	5	3
Guadeloupe	″	″	″	″	2	″	1	″	″	″	2	5	3
Guyane française	″	″	″	″	″	″	″	″	1	″	1	2	″
Inde française	″	″	″	″	1	″	1	2	″	″	″	4	2
Kerguelen	″	″	″	″	″	″	1	″	″	″	″	1	1
Martinique	″	″	″	″	″	″	1	″	″	″	″	1	1
Mayotte	″	1	″	″	″	″	1	″	″	″	″	2	1
Nossi-Bé	″	″	″	″	″	″	1	″	″	″	″	1	1
Nouvelle-Calédonie	″	″	″	″	″	2	5	3	″	1	″	11	7
La Réunion	″	″	″	″	″	3	3	1	″	1	″	8	6
Saint-Pierre et Miquelon	″	″	″	″	″	2	″	″	″	″	1	3	2
Sénégal	″	″	″	2	2	3	1	1	″	″	1	10	8
Tahïti	″	″	″	″	″	1	2	1	″	″	1	5	3
Annam-Tonkin	″	″	″	″	″	1	1	″	1	″	″	3	2
Cambodge	″	″	″	″	″	2	1	″	″	″	″	3	3
Madagascar	″	″	″	″	1	″	1	1	″	1	1	5	2
Tunisie	″	1	″	″	1	1	1	″	″	2	″	6	3
République Argentine	″	″	″	1	7	9	10	35	2	1	1	66	27
Belgique	″	″	″	3	3	2	2	″	3	″	″	13	10
Bolivie	″	″	″	″	″	2	10	7	18	″	″	37	12
Brésil	″	″	2	2	2	3	11	6	4	4	″	34	20
Cap de Bonne-Espérance	″	″	1	2	1	″	″	″	″	″	″	4	4
Chili	″	″	″	″	3	″	4	″	″	″	″	7	7
Colombie	″	″	″	″	″	2	″	″	″	″	1	3	2
Danemark	″	1	″	″	3	1	4	5	11	2	″	27	8
République Dominicaine	″	″	″	″	″	2	4	7	″	2	″	15	6
Égypte	″	″	″	″	″	1	″	″	1	″	″	2	1
Équateur	″	1	″	″	1	1	4	″	″	″	″	7	6
Espagne et colonies	″	1	″	″	2	2	2	2	2	″	″	11	6
États-Unis	″	″	″	2	2	1	1	″	″	1	″	7	6
Grande-Bretagne	″	″	″	2	4	″	3	1	″	7	″	17	9
A reporter	″	8	7	36	71	69	90	84	51	25	14	455	273

PAYS.	COLLABORATEURS.	HORS CONCOURS.	GRANDS PRIX.	MÉDAILLES D'OR.	MÉDAILLES D'ARGENT.	MÉDAILLES DE BRONZE.	MENTIONS HONORABLES.	NON RÉCOMPENSÉS.	PAS ARRIVÉS, PAS JUGÉS.	RENVOYÉS À D'AUTRES CLASSES.	RETIRÉS.	NOMBRE des EXPOSANTS par NATIONALITÉ	
												RÉCOMPENSÉS.	INSCRITS.
Report	"	8	7	36	71	69	90	84	51	25	14	455	275
Grèce	"	"	"	"	"	1	1	"	"	"	"	2	2
Guatémala	"	3	2	"	1	5	8	1	1	2	"	23	16
Hawaï	"	"	"	"	1	"	"	"	"	"	"	1	1
Italie	"	"	"	"	1	"	"	"	"	2	"	3	1
Japon	"	"	"	"	"	4	2	1	1	"	"	8	6
Mexique	"	"	"	"	1	4	7	"	"	"	1	13	12
Monaco	"	"	"	"	"	1	"	"	"	1	"	2	1
Nicaragua	"	"	"	"	1	3	10	16	11	"	"	41	14
Norvège	"	"	1	4	2	3	3	"	4	1	"	18	13
Nouvelle-Zélande	"	"	"	"	"	"	2	"	"	"	"	2	2
Paraguay	"	"	"	1	"	1	"	"	1	"	"	3	2
Pays-Bas et colonies	"	"	"	"	"	2	1	"	"	"	"	3	3
Portugal et colonies	"	"	"	1	3	1	4	"	"	1	"	10	9
Roumanie	"	"	"	"	2	1	1	2	"	"	"	6	4
Russie	"	1	1	3	4	5	3	1	1	2	"	21	16
Finlande	"	1	"	1	"	"	"	"	2	"	"	4	1
Salvador	"	"	"	"	1	8	3	3	"	39	3	57	12
Serbie	"	"	"	"	"	"	"	1	"	"	"	1	"
République Sud-Africaine	"	"	"	1	"	"	"	"	"	"	"	1	1
Suède	"	"	"	1	"	"	"	"	"	"	"	1	1
Suisse	"	"	"	"	1	"	"	"	"	"	"	1	1
Uruguay	"	"	"	1	1	5	1	4	1	2	2	17	8
Vénézuéla	"	"	"	"	2	6	5	2	1	2	"	18	13
Victoria	"	"	"	1	2	"	"	"	"	"	"	3	3
TOTAUX	"	13	11	50	94	119	141	115	74	77	20	714	415

EXPOSANTS DONT LES PRODUITS N'ONT PAS ÉTÉ DÉCLARÉS.

PAYS.	NON RÉCOMPENSÉS.	PAS ARRIVÉS, PAS JUGÉS.	RENVOYÉS À D'AUTRES CLASSES.	RETIRÉS.	NOMBRE DES EXPOSANTS INSCRITS par nationalité.
Colonies	//	3	2	//	5
République Argentine	//	1	//	//	1
Bolivie	//	17	//	//	17
Brésil	//	2	4	//	6
Grande-Bretagne	//	//	2	//	2
Italie	//	//	2	//	2
Nicaragua	15	11	//	//	26
Paraguay	//	1	//	//	1
Portugal	//	//	1	//	1
Russie	//	//	2	//	2
Serbie	1	//	//	//	1
Uruguay	4	//	2	//	6
Vénézuéla	2	//	1	//	3
TOTAUX	22	35	16	//	73

COLLABORATEURS.

PAYS.	GRANDS PRIX.	MÉDAILLES D'OR.	MÉDAILLES D'ARGENT.	MÉDAILLES DE BRONZE.
France	//	1	//	3
Colonies	1	//	1	//
République Argentine	//	//	1	//
Belgique	//	//	//	1
Cap de Bonne-Espérance	//	//	1	//
Guatémala	//	//	1	//
Mexique	//	//	1	2
TOTAUX	1	1	5	6

LISTE DES COLLABORATEURS RÉCOMPENSÉS.

MM. LE MYRE DE VILERS, résident général de France à Madagascar.. Madagascar.

Dr M.-J.-A. DARGELOS, collaborateur de la maison A. Lesage, à Aix . . . . . France.

Carlos LIX-KLETT, collaborateur de la salle de commerce du 11 septembre de Buenos-Ayres . . . . . République Argentine.

MM. George J. Nathan, collaborateur du Gouvernement de la colonie du Cap de Bonne-Espérance	Cap de Bonne-Espérance.
Anatole Maingonnat, collaborateur du Gouvernement du Guatémala	Guatémala.
Manoel Tolsa, collaborateur du Gouvernement du Mexique	Mexique.
J.-H. Mattei, de la maison Coulombel frères et Devismes, à Tunis	Tunisie.
J.-B. Engels, de la maison Haussens-Hap, à Vilvorde	Belgique.
Andrique, de la maison A. Lesage, à Paris	France.
Alphonse Forget, de la maison Paisseau, à Paris	France.
Mme Françoise Tardieu, veuve Dijeaux, de la maison Saint-Girons fils aîné, à Toulouse	France.
MM. Angel Diaz, collaborateur du Gouvernement du Mexique	Mexique.
Cayetano Garza, collaborateur du Gouvernement du Mexique	Mexique.

CONCLUSION.

Nous avons terminé la tâche qui nous a été confiée par le jury de la classe 43, heureux si ce rapport, pour lequel la liberté la plus entière nous a été laissée, répond aux vœux de nos exposants et au but principal que nous nous sommes assigné. Nous avons voulu, par une relation aussi complète que possible, établir un guide et des termes de comparaison pour l'organisation et pour l'appréciation des expositions futures. C'est dans cette vue que nous avons cru devoir retracer les incidents de la constitution même de notre classe et du fonctionnement de nos comités d'admission et d'installation aux prises avec les difficultés résultant des classifications du catalogue général. Nous avons pensé qu'il était utile de déterminer, à l'occasion de cet exposé, le cadre définitif dans lequel il conviendra à l'avenir de faire rentrer les divers produits de la chasse, de la pêche et de la cueillette. C'est ainsi qu'il nous a paru nécessaire de justifier, d'un côté, l'attribution à la classe 43 des objets dont elle a finalement obtenu la classification, et, d'autre part, de revendiquer l'examen de certains articles qui, comme la gutta-percha, lui ont été enlevés; c'est ainsi encore que nous avons dû relever la nécessité de réparer des erreurs aussi injustifiables que celle qui a eu pour effet de distraire de notre jugement les huiles animales de certains pays alors que nous avons été appelés à apprécier les produits similaires d'autres pays.

A ces observations d'ordre matériel qui, espérons-le, ne provoqueront plus aucun débat dans les expositions futures, nous en avons présenté d'autres relatives au fonctionnement des comités d'organisation. Il est essentiel qu'à l'avenir les comités d'admission et d'installation soient dès l'origine composés de personnes professionnellement qualifiées pour apprécier avec compétence tous les produits présentés. Et, quant au jury, il est nécessaire qu'il se trouve, dès le début de ses opérations, en possession des catalogues définitifs français et étrangers.

Ces diverses conditions, gages nécessaires d'une organisation rapide et méthodique, d'un jugement approfondi, comparatif, équitable des produits exposés, n'ont pas été réalisées dans la mesure complète que nous aurions désirée.

Des réflexions d'un ordre plus général se sont imposées à nous comme conclusions de notre étude sur les divers produits; elles visaient les conditions économiques que réclame le développement de notre prospérité nationale.

Nous avons dû, écho fidèle des considérations et des vœux formulés autour de nous, répéter, sans nous lasser, qu'il n'est pas une seule des industries vivant de la chasse, de la pêche et de la cueillette, qui ne réclame hautement la liberté commerciale, l'abolition de tous droits à l'importation des matières premières, le développement et la protection par l'État de la marine marchande nationale et, comme conséquence, l'importation directe en France des matières employées par nos industries.

A la vérité, notre insistance peut paraître oiseuse et étrange à ceux qui n'ont pas envisagé les conséquences désastreuses et surprenantes dont nous menace la victoire des théories protectionnistes, à ceux qui, tout simplement, font le raisonnement suivant. La France ne peut pas pour sa propre consommation se passer des matières premières venant du dehors. Ces matières importées trouvent en France, pour les mettre en œuvre, la population ouvrière la plus habile, la plus ingénieuse, aidée par les mécanismes perfectionnés d'une haute civilisation. Cette fabrication produit, sous la forme du salaire et sous celle du bon marché de la consommation, la richesse et le bien-être démocratiques au premier chef. Cette fabrication, en outre, permet, aux meilleures conditions, l'importation de nos produits manufacturés sur les marchés étrangers et nous attire ainsi des ressources précieuses, en nous communiquant, par surcroît, des énergies nouvelles pour battre nos concurrents. Il faut considérer encore que les matières premières, si elles nous arrivent du dehors, ne nous arrivent pas toutes, à beaucoup près, de l'étranger; nous pouvons, en effet, les retirer en quantités incessamment accrues de notre propre fonds, de nos colonies, dont il serait aussi dangereux qu'injustifiable de ne pas élever la fortune en même temps que la nôtre.

Et c'est dans cette situation que nous irions compromettre nous-mêmes notre honneur avec notre avenir économique pour satisfaire nous ne savons quels pointilleux doctrinaires qui pensent trouver la formule de notre prospérité dans ce qu'ils appellent le système protectionniste à outrance! Il y a quelque chose d'irritant dans la discussion seule de ces théories attardées. Toutes les industries qui relèvent de la classe 43 sont en suspens devant les décisions que peuvent inspirer, sans nulle conception large des intérêts généraux, la préoccupation étroite des intérêts privés et l'apparence trompeuse des grands mots capables d'impressionner l'opinion publique, inhabile à la réflexion et, dans sa soif insatiable du nouveau, toujours prompte à accueillir le renversement de ce qui est.

Pour amener à bas prix sur notre marché les matières premières dont nous avons besoin, il nous faut un véhicule économique, une marine nationale nombreuse, agissante, dont le service soit régulièrement assuré sur tous les rivages, et qui enlèvera le fret de nos produits bruts et manufacturés aux marines étrangères. A cette marine, dans nos ports coloniaux, nous avons le devoir d'assurer un traitement de faveur sur les pavillons étrangers, et nous avons en même temps l'obligation d'en protéger la formation et le développement. Il s'agit là de créer de toutes pièces, sur beaucoup de points, un outillage dont les risques dans les commencements, trop lourds pour l'entreprise privée, doivent être allégés par l'intervention protectrice de l'État.

Que l'État ne songe pas à retirer le concours qu'il a donné et dont, pendant la dernière période de douze années, les résultats ont été satisfaisants au premier chef. Si ce concours ne fait pas défaut, si d'autre part la franchise d'importation des matières premières est maintenue, la marine française ne tardera pas à importer elle-même, directement, la majeure partie des produits bruts par les grands ports de l'Océan et de la Méditerranée mis à la hauteur des nécessités nouvelles. Notre industrie sera exonérée ainsi de charges fort lourdes par suite du fret monopolisé par les bateaux anglais et allemands et des commissions que nous devons payer aux marchés étrangers détenteurs de matières premières.

Telles sont les convictions personnelles et profondes que nous avons acquises en nous livrant à cette étude que l'on nous a fait l'honneur de nous confier et que nous avons entreprise, sans idées préconçues, mais avec la ferme volonté de nous éclairer, dans la mesure de nos moyens, sur des questions vitales pour la prospérité de l'industrie et du commerce de la France.

Elles doivent naturellement trouver leur expression sincère dans les conclusions de notre exposé des travaux de la classe 43, qui, de toutes celles comprises dans l'Exposition de 1889, est la plus intéressée à la réalisation du vœu que nous formulons ici.

Heureux si nous pouvions communiquer à ceux qui nous liront nos propres convictions, nous y trouverions la meilleure récompense de nos efforts.

Paris, 31 décembre 1890.

TABLE DES MATIÈRES.

Pages.

Composition du jury.......... 3
Introduction.......... 5
Opérations des comités d'admission, d'installation et du jury. Plan de la classe.......... 8

CHASSE ET PRODUITS DE LA CHASSE.

Pelleteries, fourrures.......... 13
Peaux apprêtées d'agneaux et de moutons.......... 23
Apprêtage et lustrage des peaux de lapins.......... 24
Poils pour la chapellerie provenant de peaux de lièvres, de garennes, de lapins, de castors, de rats-musqués et de loutres.......... 25
Peaux brutes pour tannerie.......... 33
Plumes.......... 34
Plumes d'autruches.......... 36
Dépouilles d'oiseaux pour parures et modes. Naturalisation.......... 38
Plumes et duvets.......... 43
Crins.......... 50
Soies de porc.......... 56
Cornes pour imitation de baleine.......... 60
Ivoire.......... 63
Musc, castoréum, civette, cantharides.......... 66

PÊCHE ET ENGINS DE PÊCHE.

Pêche.......... 68
Pêche maritime.......... 69
Ostréiculture.......... 76
Pêche fluviale.......... 77
Pisciculture.......... 79
Appareils pour la pêche en eaux profondes.......... 81
Filets.......... 82
Engins pour la pêche fluviale.......... 83
Nasses et pièges.......... 87

PRODUITS DE LA PÊCHE.

Perles.......... 89
Nacres et coquilles.......... 91

Corail 97
Éponges 98
Écailles de tortues 102
Baleines. Pêche et emploi 104
Huiles et graisses de poissons 106

CUEILLETTES.

Cueillettes 110
Caoutchouc 111
Gommes et résines 118
Cires 120
Ambre 125
Corozo ou ivoire végétal 126
Arachides, sésames, palmistes 128
Quinquinas et écorces 132
Cueillettes exotiques diverses 134

CONSIDÉRATIONS GÉNÉRALES.

Observations par pays 135
Europe 135
Pays hors d'Europe 137
Colonies françaises 140
Grands prix accordés à des gouvernements ou commissariats étrangers pour l'importance de leurs expositions spéciales à la classe 43 145
Nomenclature des pays représentés dans la classe 43 146
Tableau des exposants avec la décomposition des récompenses par nationalité 148
Collaborateurs récompensés 150
Conclusion 152

www.ingramcontent.com/pod-product-compliance
Ingram Content Group UK Ltd.
Pitfield, Milton Keynes, MK11 3LW, UK
UKHW012035240726
13965UKWH00003B/809